U0376166

一看就会

生活食尚编委会◎编

家常小炒

吉林科学技术出版社

A / 国内顶级营养大师、烹饪大师，从上万道菜肴中精选出的美味菜品。

B / 手机扫描菜品所属二维码，即可观赏到超详解视频。

一看就会
家常小炒

双瓜熘肉片 DVD A

▶ ━━━━━○━━━━━ TIME / 20分钟 ◀▮▮▮

12

D / 全立体分解步骤图更直观地与您分享菜品制作过程之美。

E / 每道菜都有准确的口味标注，让您第一时间寻找到自己所爱。

C / 直观易懂的制作步骤，
图文并茂地阐述菜品的
详细制作过程。

Part 1 绿色生香炒畜肉

- 原料 -

猪里脊肉150克/西瓜皮、黄瓜各100克/木耳20克、葱花、姜片、蒜片各10克/精盐、味精、白糖、胡椒粉、香油、水淀粉、植物油各适量

- 制作 -

① 西瓜皮去掉青皮，切成小块；黄瓜洗净，切成斜刀片Ⓐ；木耳用清水浸泡至发涨，换清水洗净，撕成大块。

② 猪里脊肉切片Ⓑ，加入少许精盐、白糖Ⓒ上浆，放入沸水锅内焯，捞出沥水Ⓓ。

③ 锅中加入植物油烧热，放入葱花、姜片、蒜片炒香，再加入适量清水、精盐、白糖烧沸。

④ 然后放入木耳块、猪里脊肉片、双瓜片炒匀Ⓔ，用水淀粉勾薄芡，淋入香油，出锅装盘即可。

操作难度 ★★★

鲜威味

13

1 打开智能手机（或者平板电脑）的微信扫一扫功能。

2 在良好的光线下，对准本书中菜品的二维码，进行识别扫描。

3 点击播放键，即可欣赏到高清全剧情版烹饪视频。

Author

刘国栋：中国饮食文化国宝级大师，著名国际烹饪大师，商务部授予中华名厨（荣誉奖）称号，全国劳动模范，全国五一劳动奖章获得者，中国餐饮文化大师，世界烹饪大师，国家级餐饮业评委，中国烹饪协会理事。

张明亮：从事餐饮行业40多年，国家第一批特级厨师，中国烹饪大师，国家高级公共营养师，全国餐饮业国家级评委。原全聚德饭庄厨师长、行政总厨，在全国首次烹饪技术考核评定中被评为第一批特级厨师。

李铁钢：《天天饮食》《食全食美》《我家厨房》《厨类拔萃》等电视栏目主持人、嘉宾及烹饪顾问，国际烹饪名师，中国烹饪大师，高级烹饪技师，法国厨皇蓝带勋章，法国美食协会美食博士勋章，远东区最高荣誉主席，世界御厨协会御厨骑士勋章。

张奔腾：中国烹饪大师，饭店与餐饮业国家一级评委，中国管理科学研究院特约高级研究员，辽宁饭店协会副会长，国家高级营养师，中国餐饮文化大师，曾参与和主编饮食类图书近200部，被誉为"中华儒厨"。

韩密和：中国餐饮国家级评委，中国烹饪大师，亚洲蓝带餐饮管理专家，远东大中华区荣誉主席，被授予法国蓝带最高骑士荣誉勋章，现任吉林省饭店餐饮烹饪协会副会长，吉林省厨师厨艺联谊专业委员会会长。

高玉才：享受国务院特殊津贴，国家高级烹调技师，国家公共营养技师，中国烹饪大师，餐饮业国家级考评员，国家职业技能裁判员，吉林省名厨专业委员会会长，吉林省药膳专业委员会会长。

马长海：国务院国资委商业技能认证专家，国家职业技能竞赛裁判员，中国烹饪大师，餐饮业国家级评委，国际酒店烹饪艺术协会秘书长，国家高级营养师，全国职业教育杰出人物。

夏金龙：中国烹饪大师，中国餐饮文化名师，国家高级烹饪技师，中国十大最有发展潜力的青年厨师，全国餐饮业国家级评委，法国国际美食会大中华区荣誉主席。

齐向阳：国家职业技能鉴定高级考评员，中国烹饪名师，高级技师，北方少壮派名厨，首届世界华人美食节烹饪大赛双金得主，北方厨艺协会秘书长，辽宁省餐饮烹饪行业协会副秘书长。

生活食尚编委会

本书摄影：王大龙　杨跃祥

封面题字：徐邦家

吃是一种本能，也是一种修为。

本能表现在摄取的营养物质维持正常的生理指标，使生命正常运转；修为是指在维系生命运转的前提下，吃的是否健康、是否合理、是否养生，是否能通过吃使人体机能、精神面貌、修养理念等达到另一个高度，谓之为爱吃、会吃、讲吃、辩吃的真正美食家。

讲究营养和健康是现今的饮食潮流，享受佳肴美食是人们的减压方式。虽然在繁忙的生活中，工作占据了太多时间，但在紧张工作之余，我们也不妨暂且抛下俗务，走进厨房小天地，用适当的食材、简易的调料、快捷的技法等，烹调出一道道简易、美味、健康并且快捷的家常菜肴，与家人、朋友一齐来分享烹调的乐趣，让生活变得更富姿彩。

家常菜来自民间广大的人民群众中，有着深厚的底蕴，也深受大众的喜爱。家常菜的范围很广，即使是著名的八大菜系、宫廷珍馐，其根本元素还是家常菜，只不过氛围不同而已。我们通过一看就会系列图书介绍给您的家常菜，是集八方美食精选，去繁化简、去糟求精。我们也想通过努力，使您的餐桌上增添一道亮丽的风景线，为您的健康尽一点绵薄之力。

一看就会系列图书图文并茂，讲解翔实，书中的美味菜式不仅配有精美的成品彩图，还针对制作中的关键步骤，加以分解图片说明，让读者能更直观地理解掌握。另外，我们还对其中的重点菜肴配以二维码，您可以用手机或平板电脑扫描二维码，在线观看整个菜品制作过程的视频，真正做到图书和视频的完美融合。

衷心祝愿一看就会系列图书能够成为您家庭生活的好帮手，让您在掌握制作各种家庭健康美味菜肴的同时，还能够轻轻松松地享受烹饪带来的乐趣。

生活食尚编委会

Contents 目录

Part 1
活色生香炒畜肉

Part 2
鲜嫩爽滑炒蔬菜

Part 3
禽蛋妙炒最好吃

Part 4
菌菇豆腐这样炒

Part 1
活色生香炒畜肉

双瓜熘肉片

▶ ⎯⎯⎯⎯○⎯⎯⎯⎯ TIME / 20分钟 ◁▮▮▮

原 料

猪里脊肉150克 / 西瓜皮、黄瓜各100克 / 木耳20克 / 葱花、姜片、蒜片各10克 / 精盐、味精、白糖、胡椒粉、香油、水淀粉、植物油各适量

制 作

① 西瓜皮去掉青皮，切成小块；黄瓜洗净，切成斜刀片❹；木耳用清水浸泡至发涨，换清水洗净，撕成大块。

② 猪里脊肉切成薄片❺，加入少许精盐、白糖、淀粉抓匀、上浆，放入沸水锅内焯烫一下❻，捞出沥水❼。

③ 锅中加入植物油烧热，放入葱花、姜片、蒜片炒香，再加入适量清水、精盐、白糖烧沸。

④ 然后放入木耳块、猪里脊肉片、双瓜片炒匀❺，用水淀粉勾薄芡，淋入香油，出锅装盘即可。

口味：鲜咸味

操作难度
★★★☆☆

鱼香小滑肉

▶ ━━━━━○━━━━━━━━ TIME / 10分钟 ◁▮▮▮

口味：鱼香味 ↖

-原 料━━

猪肉350克／水发木耳、玉兰片各50克／红泡椒20克／葱花15克／姜末、蒜末各10克／精盐1/2小匙／味精少许／酱油、料酒、米醋各1大匙／白糖、豆粉、高汤各2大匙／植物油3大匙

-制 作━━

① 猪肉洗净，切成小片，用少许精盐、料酒略腌Ⓐ；水发木耳撕成小朵；红泡椒剁碎；碗中加入精盐、酱油、味精、白糖、米醋、豆粉、高汤调匀成芡汁。

② 锅中加油烧热，先下入猪肉片炒至变色Ⓑ，再放入红泡椒、葱、姜、蒜炒香，然后放入木耳、玉兰片炒匀，烹入芡汁炒至入味，出锅装盘即可。

操作难度
★★★★

-原 料--

猪肉馅150克/冬笋片、水发木耳、小油菜、红椒块各少许/葱末、姜末、葱段、姜片各5克/精盐、胡椒粉、白糖、面粉、料酒、酱油、米醋、香油、水淀粉、植物油各适量

-制 作--

1 猪肉馅加入葱末、姜末、料酒、香油、精盐、胡椒粉、少许清水、面粉搅匀至上劲Ⓐ，挤成小肉丸Ⓑ；碗中加入酱油、胡椒粉、米醋、料酒、白糖调匀成味汁。

2 锅置火上，加入植物油烧热，下入丸子炸至干香Ⓒ，捞出沥油。

3 锅中留底油烧热，下入葱段、姜片炒香，放入小油菜、红椒块、冬笋片、木耳炒匀，烹入味汁烧沸，水淀粉勾芡，放入丸子Ⓓ，淋入香油炒匀，出锅即可。

焦熘丸子 🄳🅅🄳

▶ ⚪━━━━━━━━ TIME / 15分钟 ◀|▌▌▌ 口味：鲜咸味 ↖

果仁肉丁

TIME / 10分钟

口味：鲜辣味

-原 料——

猪瘦肉500克／黄瓜丁50克／熟花生仁30克／胡萝卜丁20克／鸡蛋1个／葱末、蒜末、红干椒段各10克／精盐、白糖各1小匙／味精、香油各少许／酱油2小匙／淀粉、植物油各适量

-制 作——

1 猪瘦肉洗净、切成丁Ⓐ，加入少许酱油、精盐、鸡蛋、淀粉抓匀，再下入热油锅中略炸Ⓑ，捞出、沥油；酱油、精盐、味精、白糖、淀粉、清水调成味汁。

2 锅中加植物油烧热，下入葱、蒜、红干椒炒香，放入肉丁、胡萝卜、花生仁、黄瓜丁炒匀，倒入味汁翻炒至入味，淋入香油，出锅装盘即成。

操作难度
★★☆☆☆

滑熘肉片

TIME / 10分钟 ◀||||

口味：鲜咸味

-原 料

猪里脊肉350克 / 青椒片50克 / 鸡蛋清1个 / 葱丝、姜丝各15克 / 精盐、味精各1/2小匙 / 白糖、酱油、料酒各1大匙 / 花椒油1小匙 / 水淀粉2小匙 / 植物油500克(约耗50克)

-制 作

① 猪里脊肉洗净，切成大片，表面剞上浅花刀，加入少许精盐、酱油、水淀粉、鸡蛋清拌匀上浆Ⓐ，然后下入六成热油中滑熟Ⓑ，捞出沥油。

② 锅中留底油烧热，下入葱丝、姜丝炒香，加入精盐、味精、白糖、酱油、料酒烧沸，用水淀粉勾芡，放入肉片、青椒片炒匀，淋入花椒油，即可出锅装盘。

操作难度
★★☆☆☆

-原 料-

猪五花肉300克/胡萝卜、鲜菠萝各50克/蒜末、精盐、料酒、白糖、番茄酱、米醋、味精、胡椒粉、淀粉、水淀粉、辣酱油、植物油各适量

-制 作-

1. 胡萝卜去皮，切成小块Ⓐ，入沸水锅内焯水，捞出；鲜菠萝去皮，切成块。

2. 辣酱油、料酒、番茄酱、精盐、白糖、米醋放入碗中调匀。

3. 猪五花肉切成块Ⓑ，加入少许料酒、精盐、味精、胡椒粉、香油、水淀粉抓拌均匀，裹匀淀粉，捏成肉团。

4. 锅中加油烧热，放入肉块炸至金黄色Ⓒ，捞出沥油。

5. 锅内留底油烧热，下入蒜末炒香Ⓓ，放入胡萝卜、菠萝，烹入芡汁炒浓Ⓔ，用水淀粉勾芡，倒入肉块炒匀即可。

操作难度 ★★★☆☆

TIME / 35分钟

菠萝咕噜肉

口味：果香味

-原 料——

猪里脊肉250克／尖椒30克／香菜段20克／鸡蛋清1个／红干椒、葱丝、姜丝、蒜片各10克／精盐、味精、鸡精、白糖、料酒、辣椒油、酱油、水淀粉、香油、蚝油、清汤、植物油各适量

-制 作——

① 猪里脊肉切成细丝**Ⓐ**，加入料酒、水淀粉、鸡蛋清抓匀，下入热油锅中滑散至熟**Ⓑ**，捞出；尖椒切丝**Ⓒ**。

② 锅中留底油烧热，先下入葱丝、姜丝、蒜片、红干椒炒香，烹入料酒，加入精盐、味精、鸡精、酱油、蚝油、清汤、尖椒丝和猪肉丝略炒。

③ 然后用水淀粉勾芡，撒入香菜段，淋入香油、辣椒油炒匀，即可出锅装盘。

操作难度
★★★☆☆

香辣肉丝

▶ ━━━━━●━━━━━━━━━━ TIME / 15分钟 ◀❚❚❙ 口味：香辣味 ↖

火爆腰花 💿DVD

▶ ⬤━━━━━━━ TIME / 20分钟 ◁▮▮▮ 　　　　　　　　　口味：香辣味 ↖

-原 料-

猪腰250克/青椒块、红椒块、洋葱块各25克/葱段、姜片、蒜片各10克/干辣椒、泡辣椒、精盐、胡椒粉、米醋、酱油、白糖、水淀粉、料酒、植物油各适量

-制 作-

① 猪腰剥去外膜，除去腰臊，表面剞上花刀Ⓐ，切成块，放入清水锅内焯烫一下Ⓑ，捞出过凉Ⓒ。

② 锅内加入植物油烧热，下入葱片、姜片、蒜片和干辣椒粉炒出香辣味，烹入料酒，加入泡辣椒炒匀。

③ 加入白糖、酱油、米醋、胡椒粉、精盐和少许清水烧沸，放入青椒块、红椒块和洋葱块煸炒，放入猪腰花，用水淀粉勾芡，淋上香油，出锅装盘即可。

操作难度 ★★★★★

-原 料--

猪里脊肉300克／黄瓜丁、胡萝卜丁各15克／葱末、姜末、蒜末各5克／酱油、米醋各1大匙／白糖、水淀粉、花椒水各2大匙／高汤3大匙／植物油500克(约耗50克)

-制 作--

① 猪里脊肉洗净,切成3厘米长、1厘米宽的小段,再放入热油锅中炸至金黄色Ⓐ,捞出沥油。

② 小碗中加入酱油、花椒水、米醋、白糖、水淀粉、高汤调成味汁Ⓑ。

③ 锅中留底油烧热,先下入葱末、姜末、蒜末炒香,放入黄瓜丁、胡萝卜丁、猪肉段略炒,然后倒入味汁翻炒均匀,即可出锅装盘。

操作难度
★★★★

B

糖醋肉段

TIME / 10分钟   口味：糖醋味

-原 料——

猪五花肉300克 / 红椒150克 / 精盐、味精、白糖、香油各1/2小匙 / 酱油1/2大匙 / 料酒1大匙 / 植物油适量

-制 作——

① 将红椒洗净,去蒂及籽,切成菱形块Ⓐ;猪五花肉洗净,切成大片Ⓑ,用酱油拌匀,腌渍10分钟。

② 净锅置火上,加入植物油烧至七成热,放入五花肉片炸至熟透Ⓒ,捞出沥油。

③ 锅中留少许底油烧热,先下入红椒片煸炒片刻,再放入五花肉片,加入精盐、味精、料酒、白糖炒至入味,然后淋入香油,装盘上桌即成。

A

操作难度
★★☆☆☆

B

红椒炒花腩

▶ ══════○════════ TIME /15分钟 ◀▮▮▮   口味:鲜咸味 ↖

酱爆猪肝

▶ ━━━━━○━━━━━ TIME / 20分钟 ◁▮▮▮

口味：酱香味

-原 料——

猪肝300克 / 胡萝卜75克 / 丝瓜50克 / 鸡蛋清1个 / 香菜少许 / 大葱、姜块各10克 / 料酒、甜面酱、酱油、淀粉、香油、植物油各适量

-制 作——

① 大葱择洗干净，切成细丝Ⓐ；姜块去皮，洗净，切成小片Ⓑ。

② 香菜洗净，切成小段；胡萝卜去皮，切成菱形片Ⓒ；丝瓜去皮，洗净，切成片；猪肝去掉筋膜，切成片Ⓓ。

③ 猪肝片加入淀粉、料酒、胡椒粉、鸡蛋清搅匀Ⓔ；葱丝、姜片、甜面酱、酱油、胡椒粉、料酒、白糖搅匀成酱汁。

④ 净锅置火上，加入植物油烧至六成热，下入猪肝片冲一下，捞出沥油。

⑤ 锅中留底油烧热，倒入酱汁炒浓稠，加入猪肝、胡萝卜、丝瓜炒匀，淋上香油，撒上香菜段，出锅装盘即可。

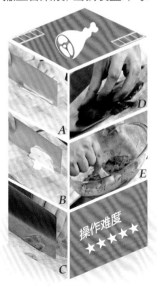

操作难度
★★★★★

鱼香腰花

▶ ─────────── TIME / 20分钟 ◁▮▮▮

口味：鱼香味 ↖

-原 料—

猪腰花200克／冬笋片、水发冬菇各20克／葱花、姜末各50克／蒜蓉、泡辣椒各15克／精盐、酱油、料酒、香醋、味精、辣椒油、淀粉、白糖、胡椒粉、花椒粉、水淀粉、植物油各适量

-制 作—

① 把猪腰剥去外膜，片开成两半**Ⓐ**，去掉白色腰臊，表面剞上十字花刀**Ⓑ**，再切成小块成腰花**Ⓒ**。

② 猪腰花用精盐、料酒、花椒粉拌匀、略腌，再拍匀淀粉，下入热油锅内冲炸一下，捞出沥油。

③ 锅中加油烧热，下入泡辣椒、冬菇、冬笋略炒，放入腰花、葱、姜、蒜炒匀，加入酱油、胡椒粉、辣椒油、味精、白糖、香醋炒至入味，用水淀粉勾芡即可。

操作难度
★★★☆☆

-原 料——

排骨400克 / 菠萝果肉200克 / 青椒、红椒各1个 / 鸡蛋黄少许 / 葱花、姜末各10克 / 蒜末5克 / 精盐、番茄酱、料酒、白醋、白糖、淀粉、水淀粉、味精、植物油各适量

-制 作——

① 菠萝果肉洗净，切成小块，放在淡盐水浸泡10分钟；青椒、红椒去蒂，洗净，均切成小块 **A**。

② 排骨剁块 **B**，加入精盐、料酒、鸡蛋黄和淀粉拌匀，放入油锅内炸至金黄 **C**，捞出；葱花、姜末、蒜末、番茄酱、精盐、白糖、白醋、味精和水淀粉调成汁。

③ 锅中留底油烧热，放入菠萝、青椒、红椒和排骨块稍炒 **D**，烹入味汁，旺火翻炒均匀，装盘上桌即可。

菠萝生炒排骨 DVD

▶ ━━━━━━○━━━━━━ TIME / 30分钟 ◀▌▌▌ 口味：酸甜味 ↖

麻辣猪肝

▶ ━━━━○━━━━━━━━ TIME / 35分钟 ◁▮▮▯▯ 口味：麻辣味 ↖

- 原 料 ━━

净猪肝300克／油炸花生米75克／葱段、姜片、蒜末各5克／干辣椒10克／精盐、白糖、花椒各1小匙／味精、米醋各少许／酱油、水淀粉各1大匙／料酒2大匙／高汤、植物油各适量

- 制 作 ━━

1 净猪肝切成片，放入碗中，加上精盐、料酒和水淀粉拌匀Ⓐ，加上少许植物油；干辣椒切成段。

2 碗中加入料酒、水淀粉、葱段、姜片、蒜末、白糖、米醋、酱油、味精和高汤调成味汁。

3 锅中加上植物油烧热，先下辣椒段、花椒炸香Ⓑ，下入猪肝片炒透，烹入味汁，旺火快速炒匀，加入花生米稍炒，出锅装盘即成。

操作难度
★★★★

丝瓜虾仁炒蹄筋

TIME / 15分钟

口味：鲜咸味

-原 料—

熟猪蹄筋250克 / 丝瓜150克 / 虾仁50克 / 精盐1/2小匙 / 料酒2小匙 / 水淀粉1大匙 / 鸡清汤100克 / 植物油300克(约耗30克)

-制 作—

① 熟猪蹄筋切成小条；虾仁去掉沙线；丝瓜洗净，去除瓜瓤，切成4厘米长、1厘米宽的长条❶。

② 炒锅上火，加上植物油烧至四成热，放入丝瓜条烫至翠绿色❷，捞出沥油。

③ 锅中留底油烧热，先下入虾仁略炒，再放入猪蹄筋、丝瓜条炒匀，然后添入鸡清汤，加入精盐、料酒烧沸，用水淀粉勾芡，出锅装盘即成。

操作难度
★★★★

-原 料-

羊肚500克／香菜100克／红椒30克／葱丝、姜丝各20克／花椒15克／葱段、姜片、蒜片各10克／精盐1大匙／胡椒粉1小匙／料酒、米醋各4小匙／植物油适量

-制 作-

1 羊肚用清水洗净，切成丝🄐，放入高压锅中，加入清水、花椒、葱段、姜片压至熟嫩，捞出晾凉🄑。

2 香菜去根和老叶，洗净，切成段；红椒去蒂，去籽，洗净，切成细丝🄒。

3 碗中加入蒜片、葱丝、姜丝、料酒、米醋、胡椒粉、精盐拌匀成味汁。

4 锅置火上，加入植物油烧热，放入羊肚丝、香菜段、红椒丝炒匀🄓。

5 倒入调好的味汁，用旺火快速翻炒均匀，出锅装盘即可。

A

B

C

操作难度
★★★★★

TIME / 30分钟

芫爆肚丝

口味：鲜咸味

-原 料——

猪里脊肉300克/青椒150克/鸡蛋清1个/葱花、姜丝各5克/精盐、味精、酱油、料酒、米醋各1/2小匙/水淀粉1大匙/植物油适量

-制 作——

1 猪里脊肉洗净，先切成片**A**，再切成丝，加入鸡蛋清、精盐、水淀粉抓匀；青椒洗净，去蒂及籽，切丝。

2 炒锅置火上，加上植物油烧至六成热，放入猪肉丝滑散至变色**B**，捞出沥油。

3 锅中留底油烧热，下入葱花、姜丝、青椒丝和猪肉丝略炒，加入精盐、酱油、料酒、米醋、味精炒至入味，再用水淀粉勾芡，淋入明油，即可出锅装盘。

操作难度
★★☆☆

里脊肉炒青椒

TIME / 15分钟

口味：鲜咸味

柠檬里脊片

TIME / 10分钟

口味：柠檬味

-原 料——

猪里脊肉300克 / 青椒30克 / 鸡蛋清2个 / 蒜末、精盐、味精、白糖、米醋、柠檬汁、料酒、淀粉、水淀粉、植物油各适量

-制 作——

① 猪里脊肉洗净, 切成薄片❶, 加入精盐、料酒、鸡蛋清、淀粉抓匀、上浆; 青椒洗净, 去蒂及籽, 切成小片; 柠檬汁、精盐、味精、白糖、米醋调匀成味汁。

② 锅中加入植物油烧热, 先下入肉片炸至淡黄色❷, 捞出沥油, 再放入青椒片略炸一下, 捞出、沥干。

③ 锅中留底油烧热, 先放入蒜末、味汁、水淀粉炒匀, 然后加入肉片、青椒炒至入味, 出锅装盘即成。

操作难度
★★☆☆☆

一看就会
家常小炒

- 原 料 ——

猪肉皮500克 / 香菜段25克 / 辣椒丝10克 / 葱丝、蒜末各5克 / 精盐、米醋各1小匙 / 五香粉、味精各少许 / 水淀粉2小匙 / 酱油1大匙 / 清汤适量 / 植物油2大匙

- 制 作 ——

① 把猪肉皮刮洗干净**A**，放入汤锅内，用小火煮至软烂，捞出猪肉皮、晾凉，片去表面肥肉，切成丝**B**，再用温水洗净。

② 炒锅上火，加入植物油烧至六成热，加入辣椒丝、葱丝、蒜末炝锅，再放入肉皮丝炒匀。

③ 然后加入五香粉、精盐、酱油、米醋、清汤和味精炒匀，用水淀粉勾芡，撒上香菜段即可。

A

B

操作难度
★★☆☆☆

辣炒肉皮

▶ TIME / 60分钟 ◀ 口味：鲜辣味

-原 料——

牛肉200克 / 苦瓜100克 / 鸡蛋3个 / 牛奶适量 / 姜末15克 / 精盐、米醋各2小匙 / 胡椒粉、味精各1小匙 / 白糖1大匙 / 豆豉2大匙 / 植物油适量

-制 作——

① 苦瓜去籽，洗净，切成小片，放入碗中，加入少许精盐拌匀**A**，放入沸水锅内焯烫一下，捞出、沥干。

② 牛肉切成小片**B**，加入胡椒粉、米醋、水淀粉拌匀上浆；姜末、精盐、白糖、米醋、香油调匀成味汁**C**。

③ 锅中加入植物油烧热，放入牛肉片炒香，放入豆豉、牛奶、调好的鸡蛋液略炒**D**，然后放入苦瓜片，倒入调好的味汁翻炒均匀，即可出锅装盘。

苦瓜炒牛肉

TIME / 15分钟   口味：鲜咸味

茶香牛柳 DVD

▶ ━━━━○━━━━━━━━ TIME / 25分钟 ◀❙❚❚❙

-原 料——

牛里脊400克／青椒、红椒、洋葱各25克／乌龙茶10克／鸡蛋1个／芝麻少许／精盐、白糖、蚝油、料酒、酱油、番茄酱、黑胡椒、淀粉、植物油各适量

-制 作——

① 青椒、红椒、洋葱分别洗净，切成小块；乌龙茶用沸水浸泡成茶水。

② 牛里脊切成条状Ⓐ，加入料酒、黑胡椒、酱油和清水搅匀Ⓑ，再加入鸡蛋液和淀粉拌均匀Ⓒ。

③ 将乌龙茶攥干，放入油锅内炸香Ⓓ，捞出乌龙茶，加入味精、精盐、芝麻拌匀，垫在盘子的底部Ⓔ。

④ 锅复置火上，加入植物油烧热，放入牛肉条炸至熟嫩Ⓕ，捞出沥油。

⑤ 锅中加油烧热，加入洋葱、青椒块、红椒块、牛柳和调料炒匀，出锅后放入码好乌龙茶的盘内即可。

口味：茶香味

杭椒牛柳

▶ ○ ────────── TIME / 15分钟 ◀▮▮▮ 　　　　口味：鲜咸味 ↖

-原 料──

牛里脊肉300克 / 杭椒200克 / 鸡蛋1个 / 精盐、味精各1/2小匙 / 鸡精1/3小匙 / 料酒2大匙 / 淀粉1大匙 / 嫩肉粉、香油各1小匙 / 植物油750克(约耗50克)

-制 作──

① 牛里脊肉洗净,切成条**A**,加入味精、鸡精、料酒、鸡蛋液、嫩肉粉、淀粉抓匀;杭椒洗净,切去两端**B**。

② 锅中加入植物油烧至六成热,下入牛肉条滑散至熟,捞出沥油;再放入杭椒滑至翠绿,捞出。

③ 锅中留底油烧热,放入杭椒、牛柳、精盐、味精、鸡精、料酒炒匀,用水淀粉勾芡,淋入香油即可。

A

操作难度
★★☆☆☆

B

-原　料——

净牛肉300克／黄瓜100克／葱花、姜末、蒜片各20克／辣椒酱、料酒各2小匙／精盐、味精、黑胡椒粉、白糖、酱油、香油、植物油各适量／水淀粉、高汤各2大匙

-制　作——

① 将牛肉切成丁Ⓐ，用料酒、黑胡椒粉腌渍入味，加入酱油、水淀粉、香油搅匀；黄瓜洗净，切成丁。

② 碗中放入高汤、水淀粉、酱油、精盐、白糖、味精、葱花、姜末、蒜片，调匀成芡汁。

③ 净锅置火上，加入植物油烧至六成热，放入牛肉丁滑散至熟Ⓑ，加入辣椒酱、黄瓜丁翻炒2分钟，淋入芡汁，翻炒均匀即可。

操作难度
★★★★

辣酱牛肉丁

▶ TIME / 15分钟 ◁▮▮▮ 　　　口味：鲜辣味

菠萝牛肉松 DVD

TIME / 40分钟 ◀▌▌▌

口味：鲜咸味

-原 料——

牛肉馅400克／鲜菠萝100克／青椒丁、红椒丁各15克／熟芝麻少许／味精、胡椒粉各1/2小匙／
蚝油2小匙／酱油4小匙／植物油3大匙

-制 作——

1 菠萝去皮，洗净，取1/3切成小片A，另2/3切成小丁；
将菠萝片放入粉碎机中，加入清水搅打成蓉B。

2 牛肉馅放入大碗中，倒入菠萝蓉泥，再加入酱油、蚝
油搅拌均匀，然后加入胡椒粉、味精搅拌均匀，腌
约30分钟至牛肉馅入味C。

3 锅中加油烧热，放入牛肉馅炒至干香，放入青椒丁、
红椒丁、菠萝丁炒匀，出锅装盘，撒上熟芝麻即可。

操作难度
★★☆☆☆

A

B

滑蛋炒牛肉

▶ ⚫━━━━━━━━━━ TIME / 15分钟 ◁▮▮▮ 　　　　口味：鲜咸味 ↖

-原 料-

牛肉250克／鸡蛋4个／葱花15克／精盐、味精、胡椒粉、香油各1/2小匙／植物油500克(约耗50克)

-制 作-

① 牛肉洗净，切成片🅐；鸡蛋磕入碗中，加入精盐、味精、胡椒粉、葱花和少许植物油搅匀，调成鸡蛋浆。

② 锅内加入植物油烧热，先下入牛肉片滑散、滑熟，捞出沥油，装入大碗中，加入鸡蛋浆拌匀。

③ 净锅复置火上，倒入打好的鸡蛋牛肉片🅑，边炒边淋入植物油和香油炒匀，即可出锅。

操作难度
★★☆☆☆

-原 料——

猪五花肉150克/土豆100克/辣白菜80克/青椒、红椒各50克/洋葱30克/花椒、熟芝麻、干辣椒、味精、香油各少许/精盐1大匙/白糖1小匙/料酒、酱油各2小匙/植物油适量

-制 作——

① 猪五花肉洗净, 放入清水锅中煮约20分钟, 关火晾凉; 土豆削去外皮, 洗净, 切成片Ⓐ; 洋葱洗净, 切成块。

② 将青椒、红椒去蒂及籽, 洗净, 切成小块Ⓑ; 猪五花肉、辣白菜切成片。

③ 锅中加入适量植物油烧热, 放入土豆片、五花肉片炒香Ⓒ, 捞出沥油。

④ 锅中留底油烧热, 放入花椒、干辣椒炒香, 再放入洋葱、辣白菜略炒Ⓓ, 然后放入土豆片、猪五花肉片炒匀。

⑤ 烹入料酒, 加入精盐、酱油、白糖、熟芝麻炒匀Ⓔ, 放入青椒块、红椒块, 加入味精, 淋入香油, 即可出锅。

D.

A.

E.

B.

操作难度
★★★☆☆

C.

TIME / 20分钟

土豆泡菜五花肉

口味：鲜香味

-原料——

牛里脊肉400克/鸡蛋1个/红辣椒段25克/蒜片、葱末、姜末各10克/精盐1小匙/酱油2小匙/
牛肉汤、淀粉、花椒粉、味精、面粉、水淀粉、香油、植物油各适量

-制作——

① 牛里脊肉切成丁Ⓐ，加入鸡蛋、面粉、淀粉抓匀；精盐、酱油、味精、水淀粉、牛肉汤放调匀成芡汁。

② 净锅置火上，加入植物油烧至六成热，放入牛肉丁炸至金黄色，捞出沥油Ⓑ。

③ 原锅留底油烧热，下入葱末、姜末、蒜片和辣椒段烧锅，放入花椒粉和牛肉丁稍炒，倒入芡汁翻炒均匀，淋入香油，出锅装盘即可。

操作难度
★★☆☆☆

家常牛肉粒

TIME / 20分钟

口味：鲜辣味

葱爆羊肉

▶ ○ ━━━━━━━━━━━━ TIME / 15分钟 ◁❘❘❘❘   口味：葱香味 ↖

-原 料━━

净羊腿肉250克 / 大葱150克 / 蒜末5克 / 花椒盐1小匙 / 料酒、酱油、米醋、香油、精盐、水淀粉、植物油各适量

-制 作━━

❶ 羊腿肉切成大薄片❹，加入花椒盐、精盐、水淀粉、料酒拌匀；大葱去根，洗净，切成大段❺。

❷ 炒锅置火上烧热，加入植物油烧至六成热，放入羊肉片滑散，捞出沥油。

❸ 锅内留底油烧热，下入蒜末和大葱段略煸至变色，放入羊肉片、料酒、酱油、米醋、精盐炒匀，用水淀粉勾芡，淋上香油，出锅装盘即成。

操作难度
★★★☆☆

-原 料——

羊肉300克／香菜100克／大葱25克／姜块10克／精盐、味精各1/2小匙／胡椒粉、白糖各1小匙／酱油2大匙／米醋、淀粉各2小匙／料酒1大匙／香油少许／植物油3大匙

-制 作——

①　大葱取葱白部分，切成丝；姜块去皮，切成丝；香菜去根和老叶，用清水洗净，沥水，切成小段。

②　羊肉剔去筋膜，切成薄片**Ⓐ**，放入料酒、酱油、精盐、胡椒粉、淀粉、白糖和植物油拌匀，腌渍8分钟。

③　净锅置火上，加入植物油烧至八成热，放入羊肉片爆炒至变色**Ⓑ**，滗去水分，放入味精、葱丝、姜丝、香菜段炒匀**Ⓒ**，淋入米醋和香油调匀，出锅即可。

操作难度
★★★★★

炒烤羊肉

▶ ━━━━━○━━━━━　TIME / 25分钟　◀▮▮▮　　　口味：鲜咸味 ↖

-原 料——

羊肝300克 / 鲜红泡辣椒5个 / 蒜苗25克 / 姜块、精盐、味精、胡椒粉、黄酒、水淀粉、香油、植物油各适量

-制 作——

① 鲜红泡辣椒洗净,切成两半Ⓐ;姜块去皮,切成末,与泡辣椒放在一起Ⓑ;蒜苗洗净,切成小段。

② 羊肝洗净,切成大小均匀的薄片Ⓒ,放入烧沸的清水和黄酒的锅内焯至变色,捞出沥水。

③ 锅中加入植物油烧热,下入姜末和泡辣椒炒香,放入羊肝片、蒜苗段爆炒Ⓓ,再加入精盐、味精、胡椒粉调好口味,用水淀粉勾芡,淋入香油,出锅即可。

泡椒炒羊肝

TIME / 25分钟　　　　　　　　　　口味:鲜辣味

羊肝炒菠菜

▶ ⎯⎯⎯⎯⎯◯⎯⎯⎯⎯⎯ TIME / 15分钟 ◁▮▮▮

口味：鲜咸味 ↖

-原 料⎯⎯

羊肝300克 / 菠菜150克 / 鸡蛋清1个 / 葱花、姜丝各5克 / 精盐、味精、白糖各1/2小匙 / 酱油、料酒、淀粉各1大匙 / 植物油适量

-制 作⎯⎯

① 将菠菜择洗干净，放入沸水锅中焯烫一下，再捞出用冷水过凉，沥干水分，切成小段A。

② 羊肝洗净、切片B，加入少许精盐、淀粉、料酒拌匀，再下入四成热油锅中滑至八分熟，捞出沥油。

③ 锅中留底油烧热，下入葱花、姜丝炒出香味，放入菠菜段、羊肝片略炒C，然后烹入料酒，加入酱油、白糖、精盐、味精快速翻炒均匀，即可出锅装盘。

操作难度
★★★☆☆

A

B

Part 2
鲜嫩爽滑炒蔬菜

姜汁炝芦笋

TIME / 15分钟

- 原 料——

芦笋200克/广东香肠50克/彩椒、百合各适量/姜末、精盐、味精、白糖、胡椒粉、淀粉、香油、植物油各适量

- 制 作——

① 芦笋去根，洗净，切成小段Ⓐ；广东香肠切成薄片Ⓑ；彩椒洗净，切成小条；百合去根，用淡盐水洗净，沥水。

② 锅中加入适量清水、精盐烧沸，放入香肠Ⓒ、芦笋Ⓓ焯烫一下，捞出沥干。

③ 百合放入碗中Ⓔ，加入姜末、精盐、白糖、香油、味精、水淀粉及少许清水调匀成味汁。

④ 锅内加入植物油烧热，放入芦笋段、香肠片稍炒，倒入味汁炒匀Ⓕ，撒上彩椒条稍炒，出锅装盘即成。

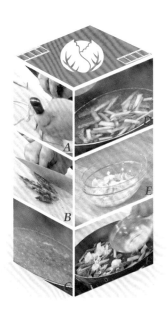

口味：鲜咸味

虾爬肉炒时蔬

▶ ━━━━━○━━━━━━━ TIME / 20分钟 ◁▮▮▮ 　　　　口味：咸辣味 ↖

-原 料-

卷心菜叶400克 / 虾爬子肉100克 / 鸡蛋清3个 / 水晶粉10克 / 朝天椒丝、葱花各5克 / 精盐、味精、鸡精各1小匙 / 老汤3大匙 / 植物油1大匙

-制 作-

① 将卷心菜叶洗净，切成粗丝Ⓐ；水晶粉用清水泡发；鸡蛋清放入碗中搅打均匀。

② 锅中加入植物油烧热，先下入朝天椒丝炒香，再放入卷心菜丝旺火炒匀Ⓑ。

③ 加入水晶粉、老汤、精盐、味精、鸡精炒至入味，再将虾爬子肉摆在卷心菜丝上，淋入鸡蛋清，用小火收汁，待汤汁收干时，盛入盘中，撒上葱花即可。

操作难度
★★★☆☆

-原 料——

圆茄子400克／青椒条、红椒条各50克／姜丝、蒜末各10克／葱花5克／精盐2小匙／淀粉3大匙／白糖、豆瓣酱、酱油各1/2大匙／米醋、料酒、水淀粉各1大匙／植物油适量

-制 作——

1 茄子去皮, 洗净, 切成条**A**, 放入清水盆中, 加入精盐拌匀**B**, 浸泡10分钟, 捞出茄子条, 攥干水分, 加入淀粉拌匀, 放入油锅内炸至浅黄色, 捞出。

2 酱油、料酒、米醋、白糖、葱花、姜丝和少许蒜蓉放入碗中调匀成味汁**C**。

3 锅内加入植物油烧热, 放入豆瓣酱、味汁炒匀**D**, 用水淀粉勾薄芡, 撒入剩余的蒜末, 倒入炸好的茄子条和青红椒条炒匀, 出锅装盘即可。

鱼香脆茄子

▶ ━━━━━●━━━━━ TIME / 20分钟 ◀❙❙❙❙ 　　口味：鱼香味 ↖

小白菜炒猪肝

▶ ━━━━━━○━━━━━━ TIME / 10分钟 ◀||||

口味：鲜咸味

-原 料━━

小白菜300克 / 猪肝100克 / 葱末、姜末、蒜末各5克 / 精盐、味精各1/2小匙 / 料酒1/2大匙 / 胡椒粉、淀粉各1小匙 / 水淀粉1大匙 / 植物油400克(约耗50克)

-制 作━━

1 猪肝洗净，切成大片，拍匀淀粉，再下入温油锅内滑至八分熟，捞出沥油；小白菜洗净，一切两段**A**。

2 锅中加底油烧至六成热，下入葱末、姜末、蒜末炒出香味**B**，再放入小白菜，烹入料酒煸炒至八分熟。

3 加入精盐、味精，放入猪肝片，用旺火快速翻炒均匀，再撒入胡椒粉，用水淀粉勾薄芡，淋入少许明油，即可出锅装盘。

操作难度
★★☆☆☆

荠菜炒里脊丝

▶ ━━━━━━○━━━━━━━━━ TIME / 15分钟 ◀▮▮▮ 口味：鲜咸味 ↖

-原 料——

嫩荠菜300克/猪里脊肉100克/熟冬笋50克/精盐1小匙/味精1/2小匙/料酒1大匙/淀粉适量/水淀粉2小匙/香油少许/肉汤3大匙/植物油500克(约耗50克)

-制 作——

① 嫩荠菜择洗干净,放入沸水锅中焯烫一下 Ⓐ,捞出、过凉,切成小条;熟冬笋切成细丝。

② 猪里脊肉洗净,切成细丝 Ⓑ,加入少许精盐和淀粉抓匀上浆,下入热油锅中炒熟,捞出沥油。

③ 锅中留底油烧热,下入冬笋、荠菜略炒,加入精盐、味精、料酒、肉汤烧沸,然后放入里脊丝炒匀,用水淀粉勾芡,淋入香油,出锅装盘即可。

操作难度
★★★☆☆

B

-原 料——

芹菜250克／腊肉100克／咸萝卜干80克／红辣椒条30克／青蒜20克／葱末、姜末各5克／红泡椒碎1大匙／味精1/2小匙／白糖、酱油各1小匙／醪糟4小匙／植物油2大匙

-制 作——

1 腊肉刷洗干净，入锅蒸熟，取出，切成小片；青蒜洗净，切成小粒Ⓐ；咸萝卜干用清水浸泡片刻Ⓑ。

2 芹菜洗净，切成小段，放入沸水锅内焯烫一下，捞出沥水，放入盘内。

3 锅置火上，加入植物油烧热，下入葱末、姜末、红泡椒碎炒出香辣味Ⓒ。

4 再加上咸萝卜干翻炒一下，放入腊肉片Ⓓ，加入醪糟、酱油、白糖炒匀。

5 放入青蒜粒、红辣椒条Ⓔ炒匀，加入味精，出锅放在芹菜段上即可。

A

B

操作难度
★★★☆☆

TIME / 20分钟

萝卜干腊肉炝芹菜

口味：鲜咸味

-原 料——

芹菜300克/猪五花肉150克/葱末、姜末各少许/精盐、味精、料酒、香油各1小匙/白糖1/2小匙/酱油2小匙/植物油1大匙

-制 作——

① 将芹菜去根及叶, 洗净, 切成小段🅐; 猪五花肉洗净, 剁成碎末🅑。

② 净锅置火上, 加入植物油烧至五成热, 先下入猪肉末炒散至变色, 再放入葱末、姜末炒出香味。

③ 然后加入芹菜段、酱油、料酒翻炒均匀, 再放入精盐、味精、白糖和适量清水炒至收汁, 淋入香油, 即可出锅装盘。

操作难度
★★☆☆☆

A

B

肉末炒芹菜

▶ ——————○———————— TIME / 15分钟 ◁▮▮▯▯ 　　　　口味: 鲜咸味 ↖

韭菜炒虾仁

TIME / 10分钟 ◁▮▮▮▮

口味：鲜咸味

-原 料——

韭菜200克 / 虾仁50克 / 葱段、姜丝各少许 / 精盐1/2小匙 / 植物油3大匙

-制 作——

① 将韭菜择洗干净，切成3厘米长的段🅐；虾仁挑除沙线，洗净，沥净水分🅑。

② 坐锅点火，加上植物油烧至六成热，先下入姜丝、葱段煸炒出香味。

③ 再放入虾仁、韭菜段快速翻炒均匀🅒，然后加入精盐调好口味，即可出锅装盘。

操作难度
★★☆☆☆

-原 料——

莲藕250克/青、红椒各30克/水发木耳25克/鸡蛋1个/大葱、姜块各10克/精盐少许/水淀粉1大匙/面粉4大匙/淀粉2大匙/酱油1大匙/白糖、白醋各3大匙/植物油适量

-制 作——

① 大葱、姜块洗净,切成片**Ⓐ**;水发木耳撕小块**Ⓑ**;青、红椒洗净,切成小块;莲藕去皮,洗净,切成条。

② 面粉、淀粉、鸡蛋、清水及少许植物油拌匀成糊,放入藕条拌匀,下入油锅内炸至金黄色**Ⓒ**,再倒入青、红椒略炒一下,捞出沥油。

③ 锅中留底油烧热,下入葱片、姜片炒香,加入酱油、白醋、白糖、精盐及少许清水烧沸,用水淀粉勾芡,放入藕条及蔬菜翻炒均匀**Ⓓ**,即可出锅装盘。

糖醋素排骨 DVD

▶ ════════○══════════ TIME / 25分钟 ◁▮▮▮ 　　口味: 糖醋味

-原 料——

黄瓜300克／蒜片10克／精盐1小匙／味精1/2小匙／香油少许／植物油3大匙

-制 作——

1 将黄瓜洗净，去蒂，削去外皮，从中间顺长剖成两半，去除籽瓤，片成0.5厘米厚的长片A。

2 炒锅置火上，加入植物油烧至六成热，先下入蒜片炒出香味，再放入黄瓜片翻炒均匀B。

3 然后加入精盐炒至熟透入味，再放入味精翻炒几下，淋入香油稍炒，即可出锅装盘。

A

操作难度
★☆☆☆

清炒黄瓜片

TIME / 10分钟

口味：鲜咸味

青椒炒土豆丝

TIME / 20分钟

口味：鲜咸味

-原 料——

土豆350克／青椒、红椒各50克／干红辣椒／花椒各少许／精盐2小匙／味精少许／白醋3小匙／植物油2大匙

-制 作——

① 净土豆削去外皮，用清水冲洗干净，捞出、沥净水分。

② 将土豆切成细丝Ⓐ，放入清水中浸泡Ⓑ；青椒、红尖椒去蒂、去籽Ⓒ，洗净，沥干水分，切成细丝Ⓓ。

③ 锅置火上，加入清水烧沸Ⓔ，倒入土豆丝焯烫一下，捞入凉水中浸泡。

④ 净锅复置火上，加入植物油烧热，放入花椒炸出香味。

⑤ 放入干红辣椒，小火煸炒出香辣味Ⓕ，放入土豆丝、青椒丝、红椒丝、精盐炒匀，加入白醋、味精调味即可。

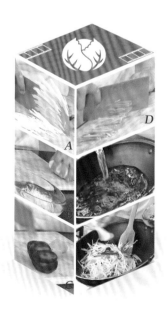

牛肉炒苋菜

▶ ─────○────────── TIME / 15分钟 ◀||||　　　　　　口味：鲜咸味 ↖

-原 料-

苋菜300克 / 牛肉150克 / 蟹柳50克 / 葱段15克 / 姜末、蒜片各10克 / 精盐、香醋各1小匙 / 味精、料酒、香油、花椒油各1/2小匙 / 水淀粉2小匙 / 植物油2大匙

-制 作-

1 将苋菜择洗干净，切成小段Ⓐ；牛肉洗净，切成薄片Ⓑ，放入碗中，加入料酒、水淀粉拌匀上浆；蟹柳剥去外膜，切成小段。

2 坐锅点火，加入植物油烧热，下入葱段、姜末、蒜片炒香，再放入牛肉片炒至变色。

3 加入苋菜、蟹柳略炒，放入精盐、香醋炒均匀，淋入花椒油、香油，加入味精调匀，即可装盘上桌。

操作难度
★★☆☆☆

-原 料--

土豆150克/鸡蛋2个/净绿豆芽50克/粉丝20克/葱末、姜末、精盐、白糖、味精、胡椒粉、米醋、香油、植物油各适量

-制 作--

① 土豆去皮,切成细丝Ⓐ,放入清水中浸泡;粉丝用清水洗净,放入沸水锅中焯烫一下Ⓑ,捞出沥水。

② 土豆丝、粉丝、绿豆芽放入碗中,加入鸡蛋、精盐、白糖、味精、胡椒粉调匀成蛋液Ⓒ;把姜末、葱末、精盐、白糖、香油、米醋、胡椒粉放小碗内调匀成味汁。

③ 净锅置火上,加入植物油烧热,放入拌好的蛋液炒散Ⓓ,再烹入味汁调好口味,出锅装盘即成。

桂花土豆丝

TIME / 15分钟

口味: 鲜咸味

西芹百合炒螺片

TIME / 15分钟 ◁▮▮▮▮

口味：鲜咸味 ↖

-原 料——

西芹250克 / 海螺肉150克 / 百合50克 / 姜片10克 / 精盐1/2小匙 / 料酒2小匙 / 水淀粉、植物油各1大匙

-制 作——

① 西芹去皮、洗净，切成菱形片Ⓐ；百合去根，洗净，掰成小瓣Ⓑ；海螺肉洗净，切成薄片。

② 将西芹片、百合瓣、螺肉片分别放入沸水锅中焯烫一下，捞出、沥净水分。

③ 锅中加上植物油烧至五成热，先下入姜片炒香，再放入西芹、百合、螺肉略炒，然后烹入料酒，加入精盐炒匀，用水淀粉勾芡，淋入少许明油即成。

操作难度
★★☆☆☆

清炒荷兰豆

TIME / 10分钟 ◁ ▮▮▮▮

口味：鲜咸味 ↖

-原 料——

荷兰豆350克 / 大蒜瓣15克 / 精盐1小匙 / 味精1/2小匙 / 水淀粉1大匙 / 香油2小匙 / 植物油2小匙

-制 作——

① 将荷兰豆撕去豆筋，切去两端，放入加有少许精盐和植物油的沸水中焯透Ⓐ，捞出过凉，沥干水分；大蒜瓣去皮、洗净，剁成蒜末。

② 坐锅点火，加上植物油烧至六成热，先下入蒜末炒出香味，再放入荷兰豆略炒一下Ⓑ。

③ 然后加入精盐、味精快速翻炒至入味，再用水淀粉勾薄芡，淋入香油，出锅装盘即成。

操作难度
★☆☆☆☆

-原 料——

酱香瓜150克／肥瘦肉丁50克／胡萝卜、青
椒、红椒、荸荠丁、核桃仁、花生仁各少许／
大葱、姜块各10克／胡椒粉、白糖、味精、
酱油、料酒、香油、植物油各适量

-制 作——

① 大葱、姜块洗净,切成末;青椒、红椒
洗净,切成小丁;胡萝卜去皮,洗净,
切成小丁Ⓐ;酱香瓜切成小丁Ⓑ。

② 净锅置火上,加入植物油烧至六成
热,先下入姜末煸炒出香味,再放入
肥瘦肉丁炒至半干Ⓒ。

③ 然后放入花生仁、核桃仁、荸荠丁和
胡萝卜炒匀Ⓓ,加入料酒、酱油、清
水、胡椒粉、白糖调味。

④ 最后加入味精,转大火收汁,放入青
椒丁、红椒丁、酱瓜丁翻炒均匀Ⓔ,撒
上葱末,淋入香油,出锅装盘即可。

A

B

操作难度
★★★☆☆

TIME / 15分钟

八宝炒酱瓜

口味：鲜咸味

- 原 料 ——

茭白500克 / 泡辣椒段10克 / 葱末、姜末、蒜末各5克 / 精盐、豆瓣酱各1小匙 / 胡椒粉、鸡精、
白糖、料酒、米醋各少许 / 淀粉2小匙 / 酱油1大匙 / 香油、辣椒油、清汤、植物油各适量

- 制 作 ——

1 茭白去皮、洗净，切成片 **A**，放入沸水锅内焯烫一下，捞出 **B**；碗中加入酱油、清汤、精盐、料酒、米醋、辣椒油、白糖、胡椒粉、鸡精、淀粉调成鱼香汁。

2 净锅置火上，加入植物油烧至七成热，放入茭白片滑透，捞出、沥油。

3 锅中留底油烧热，下入葱末、姜末、蒜末和豆瓣酱炒香，放入泡辣椒段、茭白片炒匀，然后烹入鱼香汁翻炒均匀，淋入香油，装盘即可。

操作难度
★★★☆☆

鱼香茭白

▶ ━━━━○━━━━━━ TIME / 25分钟 ◁▮▮▮ 〔口味：鱼香味〕 ↖

香辣胡萝卜条

TIME / 20分钟 ◁▮▮▯▯

口味：香辣味

-原 料----

胡萝卜200克／青红椒条20克／干红辣椒10克／蒜蓉10克／精盐1小匙／味精1/2小匙／淀粉1大匙／植物油适量

-制 作----

① 将胡萝卜去皮，洗净，切成小条**A**，放入沸水中焯烫一下**B**，捞出沥干，拍上淀粉。

② 净锅置火上，加入植物油烧至六成热，下入胡萝卜略炸，捞出沥油。

③ 锅中留底油烧热，下入蒜蓉、青、红椒条、干红辣椒炒香**C**，再放入胡萝卜略炒，然后加入精盐、味精调味，即可出锅装盘。

A

操作难度
★★☆☆☆

-原 料——

油条、山药各200克／菠萝片 (罐头) 50克／青椒、红椒块各30克／精盐1小匙／胡椒粉少许／
白糖、番茄酱、水淀粉各1大匙／米醋2小匙／植物油适量

-制 作——

① 山药去皮，洗净，放入蒸锅中蒸至熟，取出晾凉，碾成泥Ⓐ，加入淀粉、精盐和少许清水调拌均匀。

② 精盐、白糖、米醋、番茄酱、胡椒粉、菠萝汁放入碗中调匀成味汁；油条用剪刀纵向剪开Ⓑ，酿入山药泥，再切成小段，放入油锅内炸金黄色Ⓒ，捞出。

③ 锅留底油烧热，倒入味汁和菠萝块炒匀Ⓓ，用水淀粉勾芡，放入油条山药段、青椒、红椒块炒匀即可。

素咕噜肉

TIME / 25分钟　　口味：酸甜味

-原 料——

豌豆粒200克 / 胡萝卜、荸荠、黄瓜、土豆、水发黑木耳、豆腐干各50克 / 葱末、姜末、精盐、味精、白糖、料酒、水淀粉、清汤、植物油各适量

-制 作——

① 水发黑木耳去蒂, 撕成小朵Ⓐ, 放入沸水锅中焯烫一下, 捞出, 过凉。

② 豌豆粒洗净; 胡萝卜、荸荠、黄瓜、土豆、豆腐干分别洗涤整理干净, 均切成小丁Ⓑ。

③ 锅中加油烧热, 下入葱、姜炒香, 放入豌豆粒、胡萝卜、荸荠、黄瓜、土豆、木耳、豆腐干炒匀, 加入调料炒至入味, 用水淀粉勾芡, 出锅装盘即成。

A

操作难度
★★★☆☆

B

什锦豌豆粒

TIME / 20分钟

口味: 鲜咸味

一看就会
家常小炒

银杏炒五彩时蔬

DVD

▶ ━━━━━━○━━━━━━ TIME / 20分钟 ◁▮▮▮▮

-原 料——

银杏、西芹、山药、百合、水发银耳、水发
木耳、鲜香菇、枸杞子各适量/葱末、姜末
各5克/精盐、料酒各2小匙/味精少许/胡
椒粉、水淀粉各1/2小匙/植物油适量

-制 作——

1 西芹洗净,切成块Ⓐ;山药去皮,切
成薄片;百合去根,洗净,掰成小瓣;
鲜香菇去蒂,洗净,切成块Ⓑ。

2 水发银耳、水发木耳分别去蒂,洗
净,均撕成小朵Ⓒ。

3 锅中加入植物油烧热,下入葱末、姜
末炝锅Ⓓ,放入芹菜片、山药片、香
菇块、木耳、银耳、银杏、百合炒匀。

4 然后加入精盐、料酒、胡椒粉炒匀调
味Ⓔ,调入味精,用水淀粉勾芡,撒
上枸杞子,出锅装盘即可。

操作难度
★★★☆☆

75

百合银杏炒蜜豆

TIME / 15分钟　　　口味：鲜咸味

-原　料——

甜蜜豆400克／鲜百合、银杏各25克／葱花、姜丝各5克／精盐、味精、鸡精各1/2小匙／白糖、水淀粉各1小匙／植物油3大匙

-制　作——

① 将甜蜜豆切去头尾、洗净 **A**；百合去掉黑根、用清水洗净 **B**；银杏洗净。

② 将甜蜜豆、百合、银杏分别下入加有少许精盐和植物油的沸水锅内焯烫一下 **C**，捞出沥干。

③ 净锅置火上，加入植物油烧至六成热，下入葱花、姜丝炒香，放入甜蜜豆、银杏、百合，加入精盐、味精、鸡精、白糖翻炒均匀，用水淀粉勾芡即可。

操作难度
★★☆☆☆

A

B

76

-原 料——

莲藕200克／芝麻150克／青、红椒末各少许／精盐、五香粉、泡打粉各少许／淀粉3大匙／面粉2大匙／植物油适量

-制 作——

① 莲藕洗净,去皮,切成小片Ⓐ,放入沸水锅中焯烫一下Ⓑ,捞出,用凉水过凉,沥干水分。

② 面粉、淀粉、泡打粉、五香粉、精盐和少许清水搅匀成糊Ⓒ,放入莲藕片拌匀,放入芝麻里蘸匀成生坯,放入油锅内炸制酥脆,捞出沥油。

③ 原锅留底油烧热,放入青、红椒末煸炒出香味,加入莲藕片、精盐、味精翻炒均匀,即可出锅装盘。

操作难度
★★★☆☆

咸酥莲藕

TIME / 30分钟 ◀||||

口味: 鲜咸味

豇豆炒牛肉

▶ ⚪━━━━━━━ TIME / 20分钟 ◁|||| 　　　口味：鲜咸味 ↖

-原 料-

豇豆250克 / 牛里脊肉200克 / 红辣椒1根 / 蒜末10克 / 精盐1小匙 / 酱油、水淀粉各1大匙 / 植物油3大匙

-制 作-

① 将豇豆切去头尾，洗净后切成4厘米长的段Ⓐ；红辣椒去蒂，洗净，切成小段。

② 牛里脊肉切丝，加入酱油、水淀粉拌匀，腌渍5分钟，再放入热油锅中快炒一下Ⓑ，立即盛出。

③ 锅中留底油烧热，先下入蒜末、红辣椒段炒香，再放入豇豆段炒至熟，然后加入牛肉丝、精盐炒匀，出锅装盘即成。

操作难度
★★☆☆☆

豌豆炒腊肉

▶ ━━━━━━○━━━━━━ TIME / 15分钟 ◁▮▮▮▯ 口味：鲜咸味 ↖

-原 料━━

豌豆荚300克 / 腊肉100克 / 精盐2小匙 / 味精1小匙 / 白糖1大匙 / 料酒2大匙 / 高汤100克 / 植物油3大匙

-制 作━━

① 将腊肉去皮，装入碗中，放入蒸锅中蒸熟，取出晾凉，切成小长方片Ⓐ；豌豆荚择洗干净，沥干水分。

② 炒锅置火上，加入植物油烧至七成热，下入腊肉片煸至出油，再添入高汤煮沸Ⓑ。

③ 然后烹入料酒，放入豌豆荚翻炒均匀，加入白糖、精盐翻炒2分钟，放入味精炒匀，即可出锅装盘。

操作难度
★★★★

79

-原 料——

菜花200克／青、红椒各15克／话梅适量／鸡蛋黄1个／面粉30克／精盐1小匙／味精少许／白糖4小匙／番茄酱4大匙／苏打粉1/2小匙／淀粉1大匙／水淀粉2大匙／植物油适量

-制 作——

① 青、红椒洗净，切成小块；话梅用水浸泡出话梅汁；菜花洗净，切成小朵，放入清水中焯烫一下，捞出。

② 面粉、淀粉、苏打粉、精盐、鸡蛋黄、清水、植物油调匀成糊Ⓐ，放入菜花调匀Ⓑ，下入油锅中炸至熟Ⓒ，捞出。

③ 锅中留底油烧热，放入番茄酱、话梅汁、白糖、味精、精盐炒匀Ⓓ。

④ 用水淀粉勾芡，放入炸好的菜花、青、红椒块翻匀Ⓔ，即可出锅装盘。

操作难度
★★★☆☆

TIME / 25分钟

梅汁咕噜菜花

口味：酸甜味

-原 料——

土豆400克／红干椒20克／葱丝15克／姜末5克／精盐1小匙／味精、米醋各1/2小匙／肉汤300
克／植物油800克(约耗100克)

-制 作——

① 将土豆去皮,洗净,切成2厘米见方的小丁Ⓐ;红干
椒洗净,切成小段。

② 坐锅点火,加入植物油烧至七成热,放入土豆丁炸
至金黄色Ⓑ,捞出沥油。

③ 锅中留底油烧热,下入葱丝、姜末、红干椒段炒香,
然后下入土豆丁,添入肉汤,加入精盐、米醋翻炒至
熟,放入味精调味,即可出锅装盘。

A

操作难度
★★☆☆☆

香辣土豆丁

▶ ═══○════ TIME / 15分钟 ◁▮▮▮ □味:香辣味 ↖

蚌肉炒丝瓜

TIME / 20分钟 ◁▮▮▮ 口味：鲜咸味

-原 料——

嫩丝瓜300克 / 河蚌肉150克 / 精盐1/2小匙 / 味精、酱油各1小匙 / 葱姜汁2小匙 / 料酒1大匙 /
植物油4大匙。

-制 作——

① 将河蚌肉洗净，用刀将硬边处拍松，切成小块Ⓐ；
嫩丝瓜洗净，去皮，切成滚刀块Ⓑ。

② 锅内加入植物油烧至七成热，下入蚌肉煸炒一下Ⓒ，
烹入料酒，加入葱姜汁、酱油略烧，盛出装盘。

③ 净锅上火，加入少许植物油烧热，先下入丝瓜块煸
炒至青绿色，再放入蚌肉，加入精盐、料酒、味精翻
炒均匀，即可出锅装盘。

操作难度
★★★☆☆

一看就会
家常小炒

-原 料—

茭白100克／青红椒各1个／鲜香菇、冬笋条各50克／葱末、姜末各5克／酒糟3大匙／精盐、胡椒粉、味精、香油各少许／酱油1小匙／白糖、水淀粉各2小匙／植物油适量

-制 作—

① 将茭白去根和外皮, 青红椒去蒂和籽, 洗净, 均切成小条**A**；鲜香菇用清水洗净, 去蒂, 切成条**B**, 分别放入油锅内炸出香味**C**, 取出、沥油。

② 锅留底油烧热, 下入葱末、姜末煸炒出香味, 再放入酒糟、白糖、精盐和酱油, 加入胡椒粉炒浓。

③ 放入茭白、香菇、冬笋和青红椒炒匀**D**, 加入味精炒匀, 用水淀粉勾薄芡, 淋入香油, 出锅装盘即可。

糟香五彩 DVD

TIME／20分钟

口味：鲜咸味

-原 料——

萝卜干150克／腊肉100克／红辣椒、蒜苗各少许／蒜片10克／精盐、鸡精各1小匙／酱油2小匙／料酒1大匙／植物油2大匙

-制 作——

① 将萝卜干放入温水中浸软，捞出后挤干水分，切成小段Ⓐ；腊肉洗净，切成薄片Ⓑ。

② 炒锅置火上，加入植物油烧热，放入腊肉片旺火煸炒Ⓒ，待肥肉呈透明状时盛出。

③ 原锅复置火上，先下入红辣椒、蒜片炒出香味，再加入萝卜干翻炒几下，然后放入腊肉片、蒜苗、精盐、料酒、酱油、鸡精翻炒至入味，即可出锅装盘。

A

B

操作难度
★★☆☆☆

萝卜干炒腊肉

TIME / 15分钟

口味：鲜咸味

番茄土豆片

▶ ──────●──────── TIME / 15分钟 ◁▮▮▮▯   口味：酸甜味 ↖

-原 料──

土豆250克 / 小番茄100克 / 洋葱、青椒各50克 / 精盐1小匙 / 白糖、米醋各1/2大匙 / 番茄酱1大匙 / 水淀粉2小匙 / 植物油750克(约耗50克)

-制 作──

1 将土豆洗净, 去皮, 切成1厘米厚的半圆片**A**, 再下入七成热油中炸透**B**, 呈金黄色时捞出, 沥干油分; 小番茄、洋葱、青椒分别洗净, 均切成小片。

2 炒锅上火烧热, 加入植物油, 先放入番茄酱、白糖、米醋、精盐, 添入少许清水炒成味汁。

3 下入洋葱片、番茄片、土豆片、青椒片翻炒至熟, 用水淀粉勾薄芡, 淋入明油, 出锅装盘即成。

A

操作难度
★★☆☆☆

Part 3
禽蛋妙炒最好吃

酒香红曲脆皮鸡 DVD

▶ ⎯⎯⎯⎯⎯⎯◯⎯⎯⎯⎯⎯⎯ TIME / 25分钟 ◀▮▮▮

-原 料——

鸡腿肉400克/鸡蛋2个/芹菜、红尖椒各15克/熟芝麻、香葱末各10克/精盐1/2大匙/味精、胡椒粉各1/2小匙/面粉75克/红曲粉3大匙/白酒4小匙/植物油适量

-制 作——

① 红曲粉放入碗中,加入开水泡开**A**;鸡腿肉洗净,切成丁,加入白酒、精盐、胡椒粉调拌均匀**B**,腌5分钟。

② 鸡蛋磕入碗中,加入面粉、清水调匀,再加入3小匙红曲粉水搅匀**C**;芹菜、红尖椒洗净,切成小粒**D**。

③ 锅置火上,加入植物油烧热,鸡丁裹匀软炸糊,入锅炸熟**E**,捞出沥油。

④ 锅置火上,放入鸡丁、香葱末、芹菜粒、红尖椒粒煸炒均匀,撒入熟芝麻,加入精盐、味精炒匀即可。

操作难度
★★★☆☆

口味: 酒香味

浮油鸡片

TIME / 25分钟　口味：鲜咸味

-原 料——

鸡胸肉750克 / 冬笋片100克 / 青豆30克 / 鸡蛋清1个 / 精盐1/2小匙 / 料酒1大匙 / 水淀粉2大匙 / 清汤100克 / 熟猪油500克(约耗50克)

-制 作——

① 鸡腿肉去筋膜, 洗净, 用刀背砸成细蓉Ⓐ, 再加入鸡蛋清、水淀粉、精盐、清汤搅匀成鸡糊。

② 锅中加油烧至四成热, 用汤匙将鸡糊逐勺放入油中, 待鸡蓉浮起呈薄片状时Ⓑ, 捞出沥油。

③ 锅中留底油烧热, 先下入冬笋片、青豆稍炒, 下入鸡蓉片翻炒均匀, 然后加入精盐、料酒、清汤炒至入味, 再放入味精炒匀, 出锅装盘即可。

操作难度
★★★★☆

-原 料——

净鸡腿肉2个/油酥辣椒50克/熟芝麻15克/鸡蛋1个/蒜末30克/香葱段、姜片各10克/精盐、豆豉各2小匙/味精1/2小匙/面粉4小匙/豆瓣辣酱1大匙/酱油1小匙/植物油适量

-制 作——

① 鸡腿肉切成小丁**Ⓐ**,加入精盐、酱油调拌均匀;蒜末、鸡蛋液、面粉、少许植物油、清水调成软炸糊,放入鸡丁拌匀**Ⓑ**,放入油锅内炸熟**Ⓒ**,捞出沥油。

② 锅中留底油烧热,放入豆瓣辣酱、豆豉煸炒,再下入香葱段、姜片炒香,放入油酥辣椒、熟芝麻炒匀。

③ 再放入炸好的鸡丁翻炒均匀,最后加入精盐、味精调好口味**Ⓓ**,出锅装盘即可。

香辣蒜味鸡

▶ ━━━━━━━○━━━━━━━ TIME / 20分钟 ◀▮▮▮▮   口味: 蒜香味 ↖

生炒鸡丝

▶ ⬤━━━━━━━━━ TIME / 20分钟 ◁❚❚❚

口味：鲜咸味 ↖

-原料——

鸡胸肉400克 / 冬笋150克 / 鸡蛋清2个 / 精盐、味精各1/2小匙 / 料酒、水淀粉各2大匙 / 鸡汤3大匙 / 熟鸡油1大匙 / 植物油适量

-制作——

① 将冬笋剥去外壳，去根，洗净，取笋肉，切成细丝，放入沸水锅中焯透，捞出过凉。

② 鸡胸肉切成丝，加入精盐、鸡蛋清、水淀粉拌匀**Ⓐ**，再下入六成热油中滑散、滑透**Ⓑ**，捞出沥油。

③ 锅中留底油烧热，先下入冬笋丝略炒，再烹入料酒，加入味精、鸡汤、精盐炒匀，然后用水淀粉勾芡，放入鸡肉丝翻炒均匀，淋入熟鸡油，即可出锅装盘。

操作难度
★★★☆☆

腰果鸡丁

▶ TIME / 20分钟 ◀|||| 口味：鲜咸味

-原 料——

净鸡腿1只(约300克) / 腰果30克 / 西芹丁、胡萝卜丁、红椒丁、黄椒丁各15克 / 鸡蛋1个 / 葱花、姜末、蒜片、精盐、味精、白糖、胡椒粉、料酒、淀粉、水淀粉、清汤、香油、植物油各适量

-制 作——

① 鸡腿去骨Ⓐ、切成丁Ⓑ，加入料酒、精盐、胡椒粉、鸡蛋、淀粉拌匀，下入热油锅中炸透，捞出沥油。

② 将精盐、白糖、味精、料酒、葱花、水淀粉、香油放入小碗中调匀，制成味汁。

③ 锅中加植物油烧热，先下入姜末、蒜片炒香，再放入鸡肉丁、红椒丁、黄椒丁、西芹丁、胡萝卜丁略炒，然后烹入味汁，加入腰果翻炒均匀，即可出锅装盘。

操作难度
★★★☆☆

A

B

-原 料——

鸡腿肉400克/洋葱100克/青椒、红椒各50克/姜片5克/味精少许/豆瓣酱1大匙/甜面酱、老抽各2小匙/料酒4小匙/植物油适量

-制 作——

1 洋葱去皮, 洗净, 切成三角块; 青椒、红椒洗净, 切成块**A**; 鸡腿肉洗净, 放入沸水锅中煮5分钟, 捞出**B**。

2 把鸡腿放入容器中, 加入老抽拌匀**C**, 放入热油锅中煎至两面呈金黄色时**D**, 取出沥油, 切成小块。

3 锅中留底油烧热, 下入姜片炒香, 再放入豆瓣酱、甜面酱、料酒炒匀**E**。

4 放入洋葱块煸炒一下, 放入鸡腿肉煸炒2分钟, 放入青椒、红椒块炒匀**F**, 加入味精调匀, 出锅装盘即可。

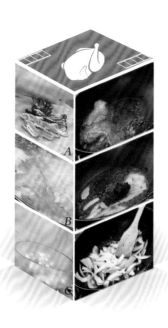

TIME / 25分钟

回锅鸡

口味：香辣味

-原 料——

鸡胸肉350克 / 绿豆芽100克 / 青椒丝、红椒丝各少许 / 鸡蛋清1个 / 精盐、味精各1/2小匙 / 料酒2小匙 / 花椒水、白醋各1小匙 / 淀粉、水淀粉各适量 / 植物油800克(约耗35克)

-制 作——

① 鸡胸肉洗净, 切成丝Ⓐ, 放入碗中, 加入精盐、味精、鸡蛋清、淀粉抓匀上浆; 绿豆芽择洗干净。

② 炒锅烧热, 倒入植物油, 待油升温至四成热时, 放入鸡肉丝滑散Ⓑ, 捞出沥油。

③ 锅内留底油烧热, 放入豆芽、青椒丝、红椒丝、料酒、精盐、味精、花椒水和白醋炒匀, 用水淀粉勾芡, 倒入鸡肉丝翻炒均匀, 出锅装盘即成。

A

操作难度
★★★☆☆

银芽炒鸡丝

▷ ━━━━━●━━━━━━━━ TIME / 15分钟 ◁▮▮▮ 　口味: 鲜咸味 ↖

鸡丁榨菜鲜蚕豆

TIME / 15分钟

口味: 鲜咸味

-原 料——

鸡胸肉200克 / 榨菜150克 / 鲜蚕豆100克 / 鸡蛋清1个 / 葱花、姜末各10克 / 精盐、味精各1小匙 /
白糖2小匙 / 水淀粉、料酒、植物油各2大匙

-制 作——

1 榨菜用清水浸泡, 洗净, 切成小粒A; 鸡胸肉洗净,
切成小粒, 加入精盐、料酒、鸡蛋清、水淀粉略腌,
放入热油锅中滑熟B, 捞出沥油。

2 锅中留底油烧热, 先下入葱花、姜末炒香, 再放入榨
菜粒、鲜蚕豆炒至熟香。

3 然后加入鸡肉粒翻炒均匀, 加入精盐、料酒、味精、
白糖调好口味, 出锅装盘即成。

操作难度
★★★☆☆

-原 料--

鸡腿300克／草菇、大蒜（蒜子）各50克／陈皮少许／青椒、红椒片各20克／葱段、姜片各15克／
精盐、味精、白糖、蚝油、酱油、米醋、料酒、淀粉、香油、植物油各适量

-制 作--

1 大蒜去皮，洗净，放入沸水锅中烫一下，捞出❶；草
菇洗净，切成小块❷，放入沸水中焯烫一下，捞出。

2 鸡腿去骨，洗净，切成小块，加入精盐、料酒、淀粉抓
匀❸；小碗内放入青椒片、红椒片、精盐、味精、蚝
油、白糖、米醋、酱油、香油搅拌均匀，制成酱汁。

3 锅中加入植物油烧热，放入大蒜煎香，放入草菇、
鸡肉、陈皮略炒，加入酱汁炒匀❹，即可出锅装盘。

蒜子陈皮鸡

▶ ⬤━━━━━━━━　TIME / 25分钟　◀▮▮▮▮　　　　口味：蒜香味 ↖

-原 料-----

鸡胸肉300克／香葱50克／姜末、蒜末各10克／豆豉15克／精盐、酱油、鸡精、香油各1小匙／白糖、淀粉各少许／料酒、水淀粉各2大匙／植物油适量

-制 作-----

操作难度
★★☆☆

① 鸡胸肉洗净，切成小丁Ⓐ，再用精盐、淀粉腌渍10分钟；香葱择洗干净，切成小段。

② 坐锅点火，加入植物油烧至四成热，放入鸡肉丁滑散、滑透Ⓑ，捞出沥油。

③ 锅中留底油烧热，先下入姜末、蒜末、豆豉炒香，再放入鸡肉丁、香葱段、酱油、白糖、鸡精炒匀，用水淀粉勾芡，淋入香油，出锅装盘即可。

葱香豆豉鸡

▶ ○ ───────── TIME / 25分钟 ◀▮▮▮   口味：豉香味 ↖

泡菜生炒鸡

▶ ━━━━●━━━━ TIME / 25分钟 ◀▮▮▮

口味：酸辣味

- 原 料 ——

鸡腿肉400克／青椒50克／鸡蛋1个／四川泡菜100克／大葱15克／姜块10克／蒜瓣5克／精盐2小匙／料酒1大匙／淀粉适量／植物油4大匙

- 制 作 ——

① 葱白洗净，切成滚刀块Ⓐ；姜块去皮，切成小片；蒜瓣去皮，切成小片；青椒洗净，去蒂及籽，切成小块。

② 鸡腿肉洗涤整理干净，切成小块，放入碗中Ⓑ，磕入鸡蛋，加入泡菜汤、淀粉搅拌均匀Ⓒ，腌渍20分种。

③ 锅中加入植物油烧至八成热，放入腌好的鸡腿肉略炒Ⓓ，再放入葱、姜、蒜及泡菜里的红辣椒炒出香味。

④ 然后加入精盐、料酒、味精调味Ⓔ，放入剩余泡菜、青椒块炒匀，出锅倒入砂锅中，上火加热几分钟即可。

操作难度
★★★☆☆

爆炒仔鸡

TIME / 45分钟 ◀▮▮▮

口味：鲜咸味

-原 料-

净仔鸡1只 / 姜末10克 / 酱油1大匙 / 精盐1小匙 / 料酒4小匙 / 白醋2小匙 / 五香粉、香油、植物油各适量

-制 作-

1. 仔鸡洗净，剁成小方块🅐，加上姜末、少许酱油、精盐、料酒拌匀，腌渍30分钟。

2. 净锅置火上，加入植物油烧至六成热，放入鸡块炸至熟香🅑，捞出沥油。

3. 将酱油、精盐、料酒、白醋、五香粉放入净锅内炒沸，倒入炸好的鸡块，用旺火煸炒几分钟至入味，淋上香油，出锅装盘即可。

操作难度 ★★★☆☆

- 原 料 ——

鸡胸肉400克 / 核桃仁100克 / 水发木耳50克 / 青椒、红椒各30克 / 葱花、姜片各8克 / 精盐1小匙 / 味精、胡椒粉各1/2小匙 / 料酒3小匙 / 淀粉适量 / 水淀粉、植物油各2大匙

- 制 作 ——

① 鸡胸肉片成大厚片, 蘸上淀粉, 砸成大薄片Ⓐ, 切成小片; 青椒、红椒洗净, 均切成二角块Ⓑ。

② 锅置火上, 加入清水、少许精盐烧沸, 放入鸡肉片汆烫至变色, 捞出沥水。

③ 锅中加入植物油烧热, 下入葱花、姜片、核桃仁、青椒、红椒、木耳炒匀, 加入精盐、胡椒粉、料酒、味精炒至入味, 用水淀粉勾芡, 放入鸡肉片炒匀Ⓒ即可。

操作难度 ★★★☆☆

爆锤桃仁鸡片 DVD

▶ ——————●————————— TIME / 25分钟 ◀▮▮▮▮ 口味: 鲜咸味

菠萝鸡丁

▶ ─────○────────── TIME / 15分钟 ◁❘❙❙❙　　　　口味：鲜甜味 ↖

-原 料──

鸡腿肉300克/菠萝200克/红椒50克/葱段15克/姜片5克/精盐1小匙/味精、白糖各1/2小匙/料酒、淀粉各1大匙/植物油适量

-制 作──

1 菠萝去皮,切成小丁,放入淡盐水中浸泡;红椒洗净,去蒂及籽,切成小丁。

2 鸡肉切成丁**A**,加入少许精盐、味精、料酒、淀粉拌匀,再下入五成热油中滑至八分熟**B**,捞出、沥油。

3 锅中留底油烧热,先下入葱段、姜片、红椒炒香,再放入鸡肉丁炒匀,然后加入精盐、白糖、菠萝丁翻炒至入味,再淋入少许明油,即可出锅装盘。

操作难度
★★☆☆☆

辣子鸡翅

▶ ━━━━━━━●━━━━━━━ TIME / 25分钟 ◁▌▌▌ 　　　　　　　　口味：香辣味 ↖

-原 料-

鸡翅400克 / 红干椒50克 / 葱花10克 / 姜丝5克 / 花椒10粒 / 精盐、鸡精、味精、白糖各1小匙 /
陈醋1/2小匙 / 植物油600克(约耗50克)

-制 作-

① 鸡翅洗净, 剁成小块Ⓐ, 先下入沸水中焯烫一下, 捞出沥干Ⓑ, 再放入热油中炸至熟透, 捞出、沥油。

② 锅中留底油烧热, 先下入红干椒、花椒、葱花、姜丝炒出香辣味, 再放入鸡翅块翻炒均匀。

③ 然后加入精盐、味精、鸡精、白糖炒至入味, 再淋入陈醋炒匀, 即可出锅装盘。

操作难度
★★★☆☆

-原 料——

鸡胸肉200克 / 冬笋片100克 / 鸡蛋清1个 /
葱姜水20克 / 红糟汁4大匙 / 精盐1小匙 /
白糖2小匙 / 淀粉3大匙 / 味精少许 / 水淀
粉2大匙 / 植物油适量

-制 作——

① 冬笋洗净, 切成片**A**; 鸡胸肉片成薄
片**B**, 放入清水中浸泡, 加入鸡蛋
清、葱姜水、精盐、淀粉搅匀**C**。

② 小碗中加入红糟汁、白糖、精盐及少
许清水调拌均匀成味汁。

③ 锅上火烧热, 加入适量植物油, 放入
鸡肉片、冬笋片炒匀**D**, 出锅装盘。

④ 锅中留底油烧热, 倒入调好的味汁,
用水淀粉勾芡, 再放入鸡片、笋片熘
炒均匀**E**, 出锅装盘即成。

A

E

B

C

操作难度
★★★☆☆

TIME / 20分钟

糟熘鸡片

口味：糟香味

-原料-

鸡胗350克 / 青蒜、泡椒各30克 / 蒜瓣80克 / 葱花10克 / 精盐1小匙 / 味精1/2大匙 / 白糖2小匙 /
料酒4小匙 / 水淀粉1大匙 / 老汤50克 / 植物油适量

-制作-

① 将鸡胗剖开, 洗涤整理干净 Ⓐ, 再切成薄片 Ⓑ; 青蒜择洗干净, 切成小段; 泡椒去蒂, 洗净。

② 净锅置火上, 加入植物油烧至六成热, 下入鸡胗滑透, 捞出沥油。

③ 锅中留底油烧热, 下入泡椒、葱花、蒜瓣炒香, 再加入鸡胗、青蒜段、老汤、精盐、味精、白糖、料酒炒至入味, 用水淀粉勾芡, 出锅装盘即成。

操作难度
★★☆☆☆

蒜香鸡胗

TIME / 15分钟   口味: 蒜香味

草菇炒鸡心

▶ ━━━━━○━━━━━━━━━━ TIME / 25分钟 ◁▌▌▌▌ 　　　　　口味：鲜咸味 ↖

-原 料-

鸡心200克 / 草菇150克 / 红辣椒1根 / 葱花、姜末各10克 / 精盐1大匙 / 料酒、蚝油各2大匙 / 胡椒粉、白糖、水淀粉各少许 / 植物油适量

-制 作-

① 将鸡心洗净，内侧剞上花刀Ⓐ，加入料酒拌匀，放入沸水锅内焯烫一下Ⓑ，捞出，冲净泡沫。

② 草菇去除杂质，洗净，放入加有精盐的沸水锅内焯烫，捞出冲凉；红辣椒去蒂，切成小块。

③ 锅中加入植物油烧热，下入葱花、姜末炒香，放入鸡心、红辣椒和草菇稍炒，加入料酒、蚝油、胡椒粉、白糖炒匀，用水淀粉勾芡，出锅装盘即可。

操作难度
★★★☆☆

-原料——

鸡腿肉400克／青椒丁、红椒丁各10克／鸡蛋1个／干红椒10克／葱花、姜片各5克／精盐、白糖、味精、淀粉、酱油、米醋、料酒、香油、植物油各适量

-制作——

① 鸡腿肉切成丁，加入精盐、酱油、料酒、味精、鸡蛋搅匀❹，腌渍10分钟，然后加入淀粉拌匀上浆❺，放入热油锅中滑至八分熟，捞出沥油。

② 碗中加入酱油、米醋、料酒、精盐、白糖及少许清水调匀成味汁❻。

③ 锅中留底油烧热，放入干红椒、葱花、姜片炒香，烹入味汁烧沸，用水淀粉勾芡，放入鸡肉丁炒匀，加入青椒丁、红椒丁炒均匀，淋入香油，出锅装盘即可。

操作难度
★★★☆☆

酸辣鸡丁

TIME／25分钟

口味：酸辣味

-原 料——

鸡心250克 / 红辣椒丝30克 / 精盐1小匙 / 味精1/2小匙 / 胡椒粉少许 / 料酒1大匙 / 孜然2小匙 / 辣椒粉1/2大匙 / 植物油300克(约耗30克)

-制 作——

① 将鸡心切开🅐，洗净瘀血，加入少许精盐、料酒、胡椒粉、淀粉拌匀，腌渍入味。

② 坐锅点火，加上植物油烧至六成热，放入鸡心滑散、滑熟🅑，捞出沥油。

③ 锅中留底油烧热，先下入红辣椒丝炒香，再放入鸡心略炒，加入精盐、味精、孜然、辣椒粉翻炒均匀，出锅装盘即成。

操作难度
★★☆☆☆

炒烤鸡心

TIME / 15分钟

口味：鲜辣味

纸包盐酥鸡翅

▶ ◯━━━━━━ TIME / 50分钟 ◁▮▮▮

□味：鲜咸味

原 料

鸡翅500克/大粒海盐500克/葱段、姜末、蒜瓣各15克/酱油2小匙/蜂蜜、五香粉、白酒各适量

制 作

① 将鸡翅去掉绒毛和杂质，用清水洗净，擦净表面水分；蒜瓣拍碎**A**。

② 鸡翅表面剞上两刀，放在容器内**B**，加入葱段、姜末、蒜瓣、酱油、五香粉、白酒、蜂蜜拌匀，腌20分钟**C**。

③ 把锡纸剪成10厘米大小，放上鸡翅包裹好并轻轻攥紧**D**。

④ 净锅置火上，放入大粒海盐，用旺火不断翻炒均匀(约5分钟)**E**。

⑤ 取砂煲，放入一些炒好的海盐粒**F**，再加入用锡纸包好的鸡翅，倒入剩余的海盐粒，炒焖20分钟即可。

酱爆鸭块

▶ ━━━━━━━━○━━━━━━━━━━ TIME / 20分钟 ◀▮▮▮ 　　　　口味：酱香味 ↖

-原 料━━

烧鸭300克 / 冬笋30克 / 葱段10克 / 姜片15克 / 蒜末5克 / 白糖1/3小匙 / 甜面酱2小匙 / 料酒、
香油各1/2小匙 / 鸡汤4大匙 / 植物油适量

-制 作━━

① 将烧鸭切成长4厘米、宽2厘米的长方块；冬笋洗净，切成块Ⓐ，放入沸水锅内焯烫一下，捞出、沥净。

② 净锅置火上，加入植物油烧至六成热，放入烧鸭块炸至金黄，捞出沥油Ⓑ。

③ 锅中留底油烧热，放入甜面酱、料酒、姜片、蒜末、葱段炒香，放入烧鸭块、白糖，添入鸡汤，用旺火炒浓汤汁，淋入香油，出锅装盘即成。

操作难度
★★☆☆☆

-原 料——

鸭腿450克／香芹65克／香干50克／红椒30克／香葱段20克／味精1/2小匙／胡椒粉、白糖、陈醋各1小匙／蚝油2小匙／料酒、酱油各4小匙／香油1大匙／植物油3大匙

-制 作——

① 香芹洗净, 切成段Ⓐ; 红椒洗净, 切成条; 香干切成大片; 鸭腿肉剔去腿骨Ⓑ, 切成小条, 加入酱油、料酒、蚝油、白糖、香油、胡椒粉拌匀, 腌渍5分钟。

② 净锅置火上, 加入植物油烧至六成热, 放入鸭腿肉、香干片爆炒均匀Ⓒ。

③ 放入香葱段、红椒条、香芹段炒匀Ⓓ, 烹入陈醋稍炒, 淋入香油, 加入味精炒至入味, 出锅装盘即可。

三香爆鸭肉 DVD

TIME / 25分钟

口味: 鲜咸味

姜爆烤鸭丝

TIME / 15分钟　◁❙❙❙❙

口味：鲜咸味

-原 料-

烤鸭肉450克／芹菜100克／生姜75克／红辣椒50克／蒜苗25克／酱油2小匙／白糖、米醋各1/2
小匙／甜面酱2大匙／熟猪油3大匙

-制 作-

① 将烤鸭肉切成粗丝Ⓐ；生姜去皮、洗净，切成细丝；
芹菜、蒜苗择洗干净，切成长段Ⓑ；红辣椒洗净，去
蒂及籽，切成长丝。

② 坐锅点火，加入植物油烧至六成热，先下入鸭肉丝、
姜丝、辣椒丝略炒。

③ 再放入甜面酱炒匀，然后加入芹菜段、蒜苗段、酱油
炒熟，放入白糖、米醋炒匀，即可出锅装盘。

操作难度
★★☆☆☆

脆香鸭舌

TIME / 60分钟　◁▐▌▌▌

口味：鲜咸味

-原 料-

鸭舌400克 / 熟芝麻少许 / 葱末、姜末各25克 / 花椒、八角、香叶各适量 / 精盐2小匙 / 味精1小匙 / 淀粉3大匙 / 植物油适量

-制 作-

① 鸭舌洗涤整理干净, 放入清水锅中烧煮10分钟, 捞出鸭舌, 沥干水分Ⓐ。

② 鸭舌放入容器内, 加入精盐、味精、花椒、八角、香叶拌匀Ⓑ, 腌渍30分钟, 再加入淀粉Ⓒ。

③ 锅中加入植物油烧至七成热, 下入葱末、姜末炒香, 下入鸭舌煸炒至呈金黄色, 加上精盐和味精炒匀, 撒上熟芝麻, 出锅装盘即可。

操作难度
★★★☆☆

-原 料-

松花蛋200克／青椒、红椒各20克／冬笋25
克／水发木耳20克／鸡蛋1个／葱末、姜丝
各10克／蒜末20克／白糖、料酒各1/2大
匙／豆瓣酱、白醋、水淀粉各1大匙／酱油2
小匙／面粉4大匙／植物油适量

-制 作-

① 面粉加入鸡蛋、清水和少许植物油搅
匀成面糊Ⓐ；青椒、红椒切成小块Ⓑ；
冬笋切成片；水发木耳撕成块。

② 松花蛋去壳，切成块，放入面糊内拌
匀，放入油锅中炸至上色Ⓒ，再加入
青红椒块、笋片冲炸Ⓓ，捞出沥油。

③ 锅中留底油烧热，加入葱末、姜末
炝锅出香味，放入豆瓣酱、料酒、酱
油、白醋、白糖及适量清水烧沸Ⓔ。

④ 然后用水淀粉勾芡，再放入蒜末、皮
蛋、青椒、红椒、笋片翻炒均匀，出锅
装盘即成。

操作难度
★★★☆☆

▶ ━━━━━━━━○━━━━━━━━ TIME / 25分钟 ◀▮▮▮

鱼香皮蛋

口味：鱼香味 ↖

-原 料——

乳鸽3只／蒜苗段25克／干红辣椒段10克／花椒15粒／精盐、味精、淀粉、酱油、料酒各少许／
辣椒油、豆瓣酱各1大匙／植物油适量

-制 作——

① 把乳鸽宰杀，烫去鸽毛，剁去鸽爪，去掉内脏和杂质，洗净，放在案板上，剁成3厘米大小的块**A**。

② 乳鸽块加入精盐、酱油、料酒和淀粉拌匀，腌渍15分钟，放入热油锅内炸至熟脆**B**，捞出沥油。

③ 锅复置火上，加入辣椒油烧热，下入干红辣椒段、花椒和乳鸽块翻炒，加上精盐、酱油、料酒、豆瓣酱和味精炒匀，撒上蒜苗段翻炒均匀，出锅装盘即成。

操作难度
★★★☆☆

火爆乳鸽

TIME / 35分钟

口味：香辣味

番茄炒蛋

▶ ⚬━━━━━━━━━━━ TIME / 10分钟 ◁▮▮▮▮   口味：鲜咸味 ↖

-原 料——

西红柿（番茄）2个／鸡蛋3个／精盐、味精、胡椒粉各少许／米醋、料酒各2小匙／白糖1大匙／面粉、香油各3大匙／淀粉2大匙／植物油适量

-制 作——

① 西红柿洗净，放入开水中焯烫一下Ⓐ，捞出去皮Ⓑ，切成小瓣；鸡蛋磕入碗中，加入淀粉、面粉拌匀。

② 坐锅点火，加入植物油烧热，放入鸡蛋糊炒至金黄，捞出沥油，盛入盘中。

③ 锅中加上植物油烧热Ⓒ，放入西红柿块、精盐、味精、胡椒粉、料酒、米醋、白糖炒匀，放入炒好的鸡蛋稍炒，淋入香油，出锅装盘即成。

操作难度
★★☆☆☆

-原 料——

鸡蛋4个/韭菜薹100克/红辣椒50克/大蒜3瓣/精盐1小匙/白糖、辣豆豉、米醋各少许/植物油适量

-制 作——

① 将韭菜薹择洗干净, 切成小段**Ⓐ**; 红辣椒去蒂、去籽, 洗净, 切成小片; 大蒜去皮, 洗净, 切成片。

② 锅置火上, 加入少许植物油烧热, 磕入鸡蛋摊成荷包蛋**Ⓑ**, 取出, 切成菱形块。

③ 锅中加入植物油烧热, 放入辣豆豉、蒜片、辣椒片、韭菜薹段翻炒几下, 放入荷包蛋块, 加入米醋、白糖、精盐炒匀至入味, 即可出锅装盘。

操作难度
★★★☆☆

辣豆豉炒荷包蛋

▶ ────○──────────── TIME / 10分钟 ◁▮▮▮ 　　　　口味: 鲜辣味 ↖

-原 料——

大虾仁300克／鸡蛋5个／葱丝10克／姜丝5克／精盐、料酒、花椒水各2小匙／味精1小匙／淀粉1大匙／植物油适量

-制 作——

操作难度
★★☆☆☆

① 鸡蛋磕入碗中搅匀成鸡蛋液；虾仁去沙线Ⓐ，在背部片一刀Ⓑ，再放入八成热油中滑散，待虾仁打卷时捞出，沥干油分。

② 净锅上火，加入少许植物油烧热，先倒入鸡蛋液炒成麦穗状Ⓒ，再放入葱丝、姜丝炒香。

③ 加入虾仁、精盐、花椒水、料酒翻炒均匀，然后撒入味精，淋入少许明油，出锅装盘即成。

虾仁炒鸡蛋

▶ ─────○──────── TIME / 15分钟 ◁▮▮▮▮ 　　口味：鲜咸味 ↖

鸡蛋炒苦瓜

▶ ━━━━━━●━━━━━━ TIME / 15分钟 ◁▮▮▮▯ 口味：鲜咸味 ↖

-原 料-

鸡蛋5个/苦瓜150克/葱花、姜丝各15克/精盐2小匙/味精1小匙/鸡精1/2小匙/白糖少许/
植物油5大匙

-制 作-

① 将苦瓜去皮及瓤 Ⓐ，洗净，切成大片，放入加有少许
精盐和植物油的沸水锅内略焯，捞出、沥水。

② 鸡蛋磕入碗中搅散成鸡蛋液，放入烧热的油锅内炒
成鸡蛋花 Ⓑ，出锅。

③ 锅内加入少许植物油烧热，放入葱花、姜丝炒香，再
放入苦瓜片，加入精盐、味精、白糖、鸡精调味，然
后放入蛋花翻炒均匀，即可出锅装盘。

操作难度
★★☆☆☆

Part 4
菌菇豆腐这样炒

油吃鲜蘑

▶ ══════○════════ TIME / 30分钟 ◁▮▮▮▯

口味：鲜咸味

-原 料——

鲜蘑100克／黄瓜50克／胡萝卜30克／银耳
20克／姜末、小葱、精盐、味精、白糖、胡椒
粉、橄榄油、植物油各适量

-制 作——

① 鲜蘑去根，洗净，撕成小片；银耳用清水浸泡，去根，撕成小朵；黄瓜洗净，片成小片，加入精盐腌一下。

② 胡萝卜洗净，切成象眼片Ⓐ；小碗内加入姜末、精盐、胡椒粉、白糖、小葱、橄榄油，淋上热油成味汁Ⓑ。

③ 净锅置火上，加入适量清水烧沸，放入鲜蘑Ⓒ、胡萝卜、银耳焯烫至熟，捞出、沥干。

④ 锅中留底油烧至六成热，放入鲜蘑、黄瓜、胡萝卜、银耳略炒Ⓓ，倒入味汁炒匀Ⓔ，出锅装盘即可。

A

B

操作难度
★★★☆☆

鲜贝冻豆腐

▶ ━━━━━━●━━━━━━━━ TIME / 30分钟 ◀❘❘❘❘   口味：鲜咸味 ↖

-原 料-

冻豆腐800克／鲜贝肉100克／青椒片、红椒片各25克／葱段10克／姜片5克／酱油、鸡精、白糖、料酒、蚝油、辣椒油各1小匙／鱼露1/2小匙／水淀粉1大匙／清汤100克／植物油2大匙

-制 作-

❶ 将冻豆腐解冻，切成长条块，挤净水分❹；鲜贝肉洗涤整理干净，放入沸水中焯烫一下❸，捞出、沥干。

❷ 锅中加入植物烧热，下入葱段、姜片炒香，加入料酒、酱油、蚝油、鱼露、白糖、鸡精炒匀。

❸ 然后添入清汤，下入鲜贝肉、冻豆腐条炒至收汁，放入青椒片、红椒片略炒，用水淀粉勾芡，淋入辣椒油，出锅装盘即可。

操作难度
★★★☆☆

-原 料——

香菇100克／香菜段15克／熟芝麻少许／葱白15克／姜末10克／精盐1小匙／胡椒粉1/2小匙／白糖2大匙／酱油2小匙／香醋3大匙／淀粉100克／植物油300克 (约耗50克)

-制 作——

① 葱白洗净, 切成细丝Ⓐ; 香菇泡发, 洗净, 用剪刀剪成鳝鱼丝状, 加入淀粉及少许清水抓拌均匀Ⓑ, 放入烧至六成热的油锅内炸至酥脆Ⓒ, 捞出沥油。

② 取小碗, 加入香醋、白糖、酱油、精盐、胡椒粉调拌均匀成味汁。

③ 锅中留底油烧热, 下入姜末和味汁炒浓, 放入香菇丝炒匀Ⓓ, 撒上熟芝麻、葱丝、香菜段即可。

素脆鳝

▶ ———◯——————— TIME / 25分钟 ◁▮▮▮ 　　　　口味: 鲜咸味 ↖

滑菇炒小白菜

▶ ━━━━━○━━━━━ TIME / 10分钟 ◁▮▮▮▮ 　　　　口味：鲜咸味 ↖

-原 料——

滑子菇200克 / 小白菜150克 / 蒜片5克 / 精盐、料酒各1小匙 / 味精、鸡精各1/2小匙 / 水淀粉
适量 / 香油、植物油各1大匙

-制 作——

① 小白菜去根、洗净，沥干水分；滑子菇择洗干净，放
入沸水锅中焯透，捞出沥水Ⓐ。

② 锅置火上，加入植物油烧热，先下入蒜片炒香，再放
入小白菜、滑子菇炒匀Ⓑ。

③ 然后烹入料酒，加入精盐、味精、鸡精调味，用水淀
粉勾芡，淋入香油，出锅装盘即可。

操作难度
★★☆☆☆

口蘑炒肉片

▶ ⟨──────●────────⟩ TIME / 15分钟 ◁▮▮▮▮ 　　　　口味：鲜咸味 ↖

-原 料——

水发口蘑250克／猪瘦肉100克／青椒片、红椒片各20克／葱花、姜末、蒜片各10克／精盐、味精、白糖、料酒各1小匙／水淀粉2大匙／鲜汤100克／香油少许／葱油3大匙

-制 作——

① 将猪瘦肉洗净, 切成薄片Ⓐ; 口蘑洗净, 放入沸水锅中焯烫一下, 捞出沥干, 切成小片Ⓑ。

② 坐锅点火, 加入葱油烧热, 先下入葱花、姜末、蒜片炒香, 再放入猪肉片煸炒至变色。

③ 然后烹入料酒, 添入鲜汤, 加入口蘑炒匀Ⓒ, 放入精盐、味精和白糖, 用旺火炒至收汁, 用水淀粉勾芡, 淋入香油, 出锅装盘即可。

操作难度
★★★☆☆

A

B

-原 料——

山药300克/木耳50克/甜蜜豆200克/枸
杞子少许/葱花10克/精盐2小匙/味精1
小匙/水淀粉、植物油各适量

-制 作——

1 山药去皮,切成薄片**Ⓐ**,放入清水中浸泡;小碗内放入枸杞子、水淀粉、精盐及清水拌匀成味汁**Ⓑ**。

2 将木耳放入温水中浸泡一下**Ⓒ**,捞出冲净,去掉菌蒂,撕成小朵;甜蜜豆择洗干净。

3 锅中加入适量清水烧沸,依次放入木耳、甜蜜豆、山药片焯烫一下**Ⓓ**,捞出冲凉,沥干水分。

4 净锅加油烧热,下入葱花炒香,倒入味汁,放入甜蜜豆、山药片、木耳和味精略炒**Ⓔ**,出锅即可。

操作难度
★★★★★

TIME / 15分钟

甜木耳炒山药

口味：鲜咸味

-原 料——

草菇20个/水发木耳100克/白菜、黄瓜、芹菜各50克/胡萝卜30克/精盐、冰糖各2小匙/味
精1小匙/植物油1大匙

-制 作——

1 草菇去蒂, 洗净, 切成小块❶; 水发木耳择洗干净,
切成小块; 白菜洗净, 片成大片; 黄瓜、胡萝卜分别
洗净, 切成薄片; 芹菜择洗干净, 切成小粒。

2 净锅置火上, 加入植物烧热, 放入白菜片、黄瓜、木
耳、冬笋、胡萝卜、草菇略炒一下❷。

3 再加入精盐、味精、冰糖调好菜肴口味, 撒上芹菜
粒, 出锅装盘即成。

操作难度
★★☆☆

草菇小炒

TIME / 15分钟

口味: 鲜咸味

杭椒炒素菇

TIME / 15分钟 ◁▌▌▌▌

口味：鲜咸味

-原 料——

鲜蘑（素菇）200克 / 杭椒150克 / 葱末、姜末各5克 / 精盐、味精各1/2小匙 / 水淀粉、香油各1小匙 / 料酒1大匙 / 植物油2大匙

-制 作——

① 鲜蘑去掉老根，洗净，撕成细条，放入沸水锅中焯烫至熟透🅐，捞出沥干；杭椒去蒂🅑，洗净。

② 坐锅点火，加入植物油烧热，先下入葱末、姜末炒出香味，再放入杭椒、鲜蘑炒匀。

③ 然后烹入料酒，加入精盐、味精翻炒均匀，用水淀粉勾薄芡，淋入香油，即可盛出装盘。

操作难度
★★☆☆☆

135

-原 料-

鲜茶树菇150克／猪肝适量／青椒块、红椒块各50克／糖蒜25克／精盐2小匙／白糖、米醋、酱油各1大匙／淀粉2大匙／味精、胡椒粉各少许／香油、植物油各适量

-制 作-

① 猪肝切成片, 加上米醋、精盐、淀粉拌匀**A**, 放入清水锅内浸烫2分钟**B**, 捞出沥水; 鲜茶树菇去根, 切成小段, 放入热锅内煸炒5分钟至干香**C**, 出锅。

② 糖蒜放碗内, 加上少许精盐、白糖、米醋、酱油、胡椒粉、味精、水淀粉和香油拌匀成味汁。

③ 净锅置火上, 加入植物油烧热, 下入青椒块、红椒块、猪肝片、茶树菇稍炒, 烹入味汁翻炒均匀**D**, 淋上香油, 出锅装盘即成。

茶树菇炒猪肝

▶ ─────○─────── TIME / 20分钟 ◁❙❙❙❙   口味: 鲜咸味 ↖

-原 料——

鲜平菇300克／猪瘦肉100克／葱花、姜片各25克／精盐、味精、白糖各1小匙／酱油2小匙／香油适量／植物油3大匙

-制 作——

① 将猪瘦肉去掉筋膜，洗净，切成大片**A**；鲜平菇洗净，切成片**B**，放入沸水锅内焯烫一下**C**，捞出。

② 坐锅点火，加入植物油烧至六成热，先下入葱花、姜片炒香，再放入肉片煸炒至变色。

③ 然后下入平菇片，加入精盐、酱油、白糖和少许清水炒至入味，再放入味精翻炒均匀，淋入香油，即可出锅装盘。

操作难度
★★☆☆☆

A

B

平菇炒肉

▶ ━━━━━━━━○━━━━━━━ TIME／15分钟 ◁▮▮▮▯   口味：鲜咸味 ↖

腐乳素什锦

▶ ────○──────── TIME / 45分钟 ◁▮▮▮

□味：鲜咸味

- 原 料——

腐竹200克／莲藕100克／冬笋50克／水发木耳30克／青椒、红椒各20克／熟芝麻少许／葱末、姜末各10克／精盐1小匙／味精1/2小匙／白糖1大匙／红腐乳半块／料酒2大匙／香油少许／植物油适量

- 制 作——

① 莲藕去皮，洗净，切成小片Ⓐ；冬笋洗净，切成小块；水发木耳撕成小块。

② 青椒、红椒洗净，切成块；腐竹用温水浸泡至涨发，切成小段Ⓑ。

③ 锅中加入植物油烧热，放入藕片Ⓒ、冬笋片滑炒一下，捞出、沥油。

④ 锅留底油烧热，下入葱末、姜末炒香，再放入腐乳，加入精盐、白糖、料酒、味精调好口味Ⓓ。

⑤ 放入藕片、冬笋、腐竹段炒匀，放入青椒、红椒、木耳Ⓔ，用水淀粉勾芡，淋入香油，撒上熟芝麻，即可。

操作难度
★★★☆☆

家常炒双冬

▶ ━━━━━○━━━━━━━ TIME / 20分钟 ◀▮▮▮ 　　口味：鲜咸味 ↖

-原 料——

鲜冬菇250克／冬笋200克／红椒末20克／熟芝麻、香菜末各少许／葱片10克／精盐1小匙／鸡精1/2小匙／酱油1大匙／白糖2小匙／植物油2大匙

-制 作——

① 鲜冬菇放入淡盐水中浸泡10分钟，去蒂、洗净，切成小丁 Ⓐ；冬笋去壳、洗净，切成小丁。

② 炒锅置火上，加入植物油烧至七成热，先下入葱片炒香，再放入冬菇丁、冬笋丁翻炒2分钟 Ⓑ。

③ 然后加入精盐、鸡精、酱油、白糖续炒2分钟，再出锅装盘，撒上红椒末、熟芝麻、香菜末即可。

操作难度
★★☆☆☆

-原 料——

水发细粉丝150克/虾仁100克/猪肉末75克/净青菜少许/葱末、姜末、蒜末各5克/精盐、白糖各1小匙/胡椒粉、香油各少许/沙茶酱、料酒各1大匙/酱油1/2大匙/植物油3大匙

-制 作——

① 虾仁洗净,去掉沙线,放入沸水锅内焯烫一下**Ⓐ**,捞出沥水;水发细粉丝切长段。

② 锅内加入植物油烧热,下入葱末、姜末和蒜末爆香。再放入料酒、沙茶酱、猪肉末炒香**Ⓑ**,加入酱油、白糖、胡椒粉炒匀,放入粉丝和青菜**Ⓒ**煸炒均匀。

③ 砂锅置火上,加入植物油烧热,倒入粉丝和虾仁,加入少许料酒炒约20秒**Ⓓ**,淋上香油,离火上桌即可。

家常干捞粉丝煲 📀DVD

▶ ○━━━━━ TIME / 20分钟 ◀❙❙❙   口味:鲜咸味 ↖

豇豆炒豆干

▶ ━━━━━●━━━━━ TIME / 15分钟 ◀▮▮▯▯ 　　　口味：鲜咸味 ↖

-原　料——

豆腐干300克 / 豇豆200克 / 葱段、姜片、蒜末各10克 / 精盐、味精、胡椒粉各1/2小匙 / 酱油1
大匙 / 水淀粉2小匙 / 香油1小匙 / 植物油500克(约耗30克)

-制　作——

1 豇豆用淡盐水浸泡并洗净，沥净水分，切成小段**A**，用沸水略焯，捞出沥干。

2 豆腐干洗净，切成小条**B**，用沸水焯透**C**，再加入酱油拌匀，下入七成热油中略炸，捞出沥油。

3 锅中加入植物油烧热，先下入葱段、姜片、蒜末炒香，放入豇豆、豆腐干稍炒，加入精盐、味精、胡椒粉炒至入味，用水淀粉勾芡，淋入香油即可。

操作难度
★★☆☆☆

豆干炒瓜皮

▶ ━━━━━○━━━━━ TIME / 10分钟 ◁▮▮▮ 　　口味：鲜咸味 ↖

-原 料——

豆腐干250克 / 西瓜皮200克 / 葱丝10克 / 精盐、鸡精、白糖、料酒各1小匙 / 清汤4大匙 / 香油少许 / 植物油2大匙

-制 作——

① 豆腐干洗净, 切成粗条; 西瓜皮洗净, 片去绿皮Ⓐ, 切成粗条Ⓑ, 再加入少许精盐略腌, 沥干水分。

② 坐锅点火, 加入植物油烧热, 先下入葱丝炒出香味, 再烹入料酒, 放入瓜皮条、豆腐干炒匀Ⓒ。

③ 然后添入清汤, 加入精盐、鸡精、白糖炒至入味, 待汤汁收浓时, 淋入香油, 即可出锅装盘。

操作难度
★★★★★

A

B

-原 料——

猪肉皮200克 / 香干75克 / 洋葱50克 / 水
芹、红辣椒各少许 / 姜末5克 / 精盐、胡椒
粉、白糖各1/2小匙 / 蚝油、酱油各2小匙 /
料酒1大匙 / 植物油2大匙

-制 作——

① 猪肉皮片去肥油, 刮净绒毛, 放入
清水锅中煮至熟, 捞出过凉, 沥净水
分, 切成细条Ⓐ。

② 香干切成小条Ⓑ; 洋葱洗净, 切成丝;
红辣椒去蒂、去籽, 洗净, 沥水, 切成
细丝; 水芹择洗干净, 切成小段Ⓒ。

③ 净锅置火上, 加入植物油烧热, 下入
姜末炝锅, 加入洋葱丝、芹菜段、香
干条翻炒均匀Ⓓ, 烹入料酒稍炒。

④ 加入白糖、精盐、胡椒粉、蚝油、酱
油、肉皮条炒匀Ⓔ, 最后放入红辣椒
丝翻炒均匀, 出锅装盘即可。

A

B

操作难度
★★★☆☆

C

TIME / 60分钟

香干炒肉皮

口味：鲜咸味

-原 料--

豆腐干300克 / 芦笋150克 / 精盐1/2小匙 / 味精1/3小匙 / 鲜汤100克 / 植物油500克(约耗30克)

-制 作--

1. 将豆腐干洗净,切成粗丝Ⓐ,再下入烧至七成热的油锅内炸至熟透,捞出沥油。

2. 将芦笋去掉老根,削去老皮,用淡盐水浸泡并洗净,沥净水分,切成小段Ⓑ。

3. 净锅置火上,加入植物油烧热,下入芦笋段炒至断生,放入豆腐干炒匀Ⓒ,然后加入精盐、味精、鲜汤炒至入味,用水淀粉勾芡,即可出锅装盘。

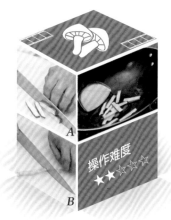

A

B

操作难度
★★☆☆☆

芦笋炒香干

▶ ●———————— TIME / 10分钟 ◀❚❚❚   口味: 鲜咸味 ↖

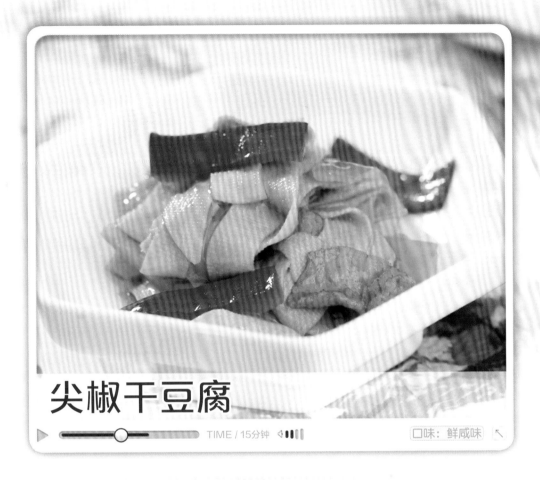

尖椒干豆腐

▶ ━━━━━○━━━━━━━━━ TIME / 15分钟 ◁▮▮▮ 　　口味：鲜咸味 ↖

-原 料-

干豆腐300克 / 青尖椒75克 / 葱末、姜末各5克 / 料酒2小匙 / 酱油1大匙 / 精盐1小匙 / 味精1/2小匙 / 白糖、水淀粉各少许 / 老汤、植物油各2大匙

-制 作-

1 将干豆腐切成1厘米宽、5厘米长的小条 **A**；青尖椒去蒂、去籽，洗净，切成长条 **B**。

2 锅内加入植物油烧至六成热，下入葱末、姜末炝锅，加入料酒、酱油、精盐、白糖和老汤烧沸。

3 放入干豆腐条烧透 **C**，加入青尖椒片、味精炒匀，用水淀粉勾芡，出锅装盘即成。

A

B

操作难度
★★★★

-原 料——

水发粉丝、圆白菜、净虾头各250克／葱段、姜片各少许／大蒜3瓣／花椒5克／干红辣椒3个／
精盐、味精各1/2小匙／酱油1小匙／料酒2大匙／植物油适量

-制 作——

1 大蒜去皮，洗净，用刀背拍碎❹；圆白菜洗净，去掉菜根，切成丝；水发粉丝切成长段；虾头冲洗干净，放入热油锅炸出虾油❺，把虾油潲入碗中。

2 锅中放入干红辣椒、花椒、葱段、姜片、蒜瓣炒香，烹入料酒，加入清水、酱油、精盐、粉丝稍煮❻。

3 加入味精，放入圆白菜丝炒至断生，出锅倒入烧热的砂煲中，加热后淋上少许熬好的虾油即可。

操作难度
★★★☆☆

虾油粉丝包菜

TIME / 25分钟

口味：鲜咸味

—原 料——

豆腐350克／小番茄100克／青豆粒15克／精盐、味精各1/2小匙／白糖、料酒各1小匙／鲜汤150克／水淀粉2小匙／植物油2大匙

—制 作——

① 将豆腐洗净,切成2厘米见方的块Ⓐ,再放入沸水锅中焯透Ⓑ,捞出沥干。

② 小番茄洗净,用沸水略烫一下,撕去外皮,切成小丁;青豆粒用清水浸泡,洗净、沥干。

③ 锅置火上,加入植物油烧热,下入番茄、青豆粒、豆腐块炒匀,烹入料酒,添入鲜汤,加入精盐、白糖、味精炒至收汁,用水淀粉勾芡,即可出锅装盘。

操作难度
★★★☆☆

番茄炒豆腐

TIME / 20分钟

口味:鲜酸味

碎炒豆腐

▶ ─────●──────── TIME / 15分钟 ◁▮▮▮

口味：鲜辣味 ↖

-原 料———

豆腐1块(约500克)/猪肉末100克/葱末、蒜末各5克/精盐、味精、花椒粉各1/2小匙/酱油、料酒各1小匙/豆瓣酱1大匙/植物油2大匙

-制 作———

① 将豆腐洗净，放入沸水锅中焯烫一下，捞出，用冷水过凉，碾成泥状ⓐ。

② 炒锅置火上，加入植物油烧热，下入猪肉末炒散至变色ⓑ，再放入蒜末、豆瓣酱、料酒炒出红油。

③ 然后加入豆腐泥炒至略干，放入酱油、味精、精盐炒至入味，再淋入少许明油，撒入葱末、花椒粉炒匀，即可出锅装盘。

操作难度
★★☆☆☆

Part 5
原汁原味炒水产

锅包鱼片

DVD

▶ ⬤━━━━━━━━━━ TIME / 30分钟 ◀❙❙❙

-原 料——

净草鱼1条(约750克)/话梅25克/红辣椒丝、香菜段各少许/大葱、姜块各15克/精盐1小匙/番茄酱、白糖各1大匙/面粉、淀粉各4大匙/料酒1大匙/植物油适量

-制 作——

① 大葱、姜块洗净,切成丝❹;话梅用温水浸泡;草鱼去骨❸,取净鱼肉,片成片,加入料酒、精盐拌匀❻。

② 淀粉、面粉、少许植物油放入碗中调匀❶,放入鱼片挂上糊,下入油锅中炸至金黄色,捞出❻。

③ 将泡话梅水、番茄酱、白糖、少许精盐和料酒放入小碗内调匀,再放入烧热的锅内翻炒均匀。

④ 然后放入葱丝、姜丝、辣椒丝、香菜段炒匀,倒入炸好的鱼片炒匀❺,出锅装盘即可。

口味: 酸甜味

葱椒鲜鱼条

▶ ━━━━━●━━━━━━━━ TIME / 40分钟 ◀▮▮▮▮

口味：鲜咸味

-原 料——

净草鱼1条(约750克)/红椒丝15克/葱段25克/姜片15克/精盐1小匙/味精2小匙/白糖、料酒各3大匙/香油2大匙/鸡汤100克/植物油适量

-制 作——

① 草鱼洗净**Ⓐ**，从背部剔去鱼骨，取净鱼肉**Ⓑ**，切成5厘米长的条，用葱段、姜片、精盐、料酒腌渍30分钟，然后下入热油锅中炸透，捞出沥油。

② 净锅置火上，加入少许植物油烧热，先放入白糖、精盐、料酒、鸡汤烧沸。

③ 放入鱼条，用旺火炒至鱼条熟香，待汤汁浓稠时，加入葱段、红椒丝炒匀，淋入香油即可。

操作难度
★★★☆☆

-原 料——

带鱼500克／青椒、红椒各1个／蒜蓉75克／花椒水2大匙／精盐、白糖、料酒、豆豉、香油、淀粉各适量／植物油750克(约耗75克)

-制 作——

① 带鱼去掉头、尾和内脏, 洗净, 切成大块Ⓐ, 加入花椒水、料酒、精盐拌匀, 腌制片刻, 抹上少许淀粉Ⓑ, 青椒、红椒去蒂及籽, 洗净, 切成椒圈Ⓒ。

② 锅中加入植物油烧热, 放入带鱼块炸酥脆Ⓓ, 捞出。将蒜蓉放入油锅中炸至金黄色, 捞出蒜蓉。

③ 锅中留炸蒜蓉的油烧热, 倒入黑豆豉煸炒片刻, 加入、料酒、白糖、精盐和味精炒匀, 放入青椒、红椒圈、蒜蓉和带鱼块炒匀, 淋上香油, 出锅装盘即可。

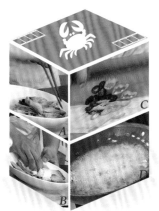

避风塘带鱼 DVD

▶　　　　　　　　TIME / 40分钟　◁▮▮▮　　　　　口味: 鲜辣味　↖

宫保鱼丁

▶ ━━━━━━●━━━━━━ TIME / 25分钟 ◁❘❘❘❘　　　　　　　口味：鲜辣味 ↖

-原 料-

净草鱼1条(约1000克) / 花生仁30克 / 红干椒15克 / 鸡蛋1个 / 葱花20克 / 精盐、味精、鸡精各1/2小匙 / 白糖1小匙 / 豆瓣酱、淀粉、植物油各适量

-制 作-

① 几个草鱼去掉鱼骨、洗净，取净鱼肉，切成小丁**Ⓐ**，再加入鸡蛋液抓匀，拍匀面包糠**Ⓑ**，下入热油中炸至浅黄色**Ⓒ**，捞出沥油。

② 锅中留底油烧热，先放入豆瓣酱、红干椒炒出香味，再下入鱼肉丁翻炒均匀。

③ 加入精盐、白糖、味精、鸡精炒至入味，再放入花生仁、葱花略炒，即可出锅装盘。

操作难度
★★★☆☆

A

B

椒盐三文鱼

▶ ⬤━━━━━━━ TIME / 25分钟 ◁▮▮▮ 口味：椒盐味 ↖

-原 料——

三文鱼肉200克 / 青椒丁、红椒丁各30克 / 香菜末15克 / 葱花、姜末、蒜末各5克 / 精盐、味精、白糖、胡椒粉、香油各1/2小匙 / 花椒盐1大匙 / 料酒2小匙 / 淀粉2大匙 / 植物油适量

-制 作——

① 三文鱼肉洗净，切成小块Ⓐ，再拍匀淀粉Ⓑ，下入八成热油中炸至金红色Ⓒ，捞出沥油。

② 锅中留底油烧热，先下入青椒丁、红椒丁、葱花、姜末、蒜末炒香，再放入鱼肉丁，加入精盐、味精、白糖、香油、胡椒粉、料酒翻炒均匀。

③ 然后撒入香菜末，淋入香油，出锅装盘，跟花椒盐上桌蘸食即可。

操作难度 ★★★☆☆

A

B

-原 料——

河虾400克/小葱25克/红辣椒15克/香菜
10克/姜末15克/蒜瓣10克/精盐、白糖、
料酒、生抽、胡椒粉各少许/香油2小匙/
植物油150克(约耗75克)

-制 作——

① 小葱去掉根须,洗净,切成小粒;红
辣椒去蒂,洗净,切成小粒;蒜瓣去
皮,剁成蒜蓉;香菜洗净,切成末。

② 将小葱粒、红辣椒、姜末、蒜蓉和香
菜末放碗内,加入精盐、白糖、料酒、
生抽、胡椒粉、香油拌匀成味汁**Ⓐ**。

③ 将河虾放入淡盐水中浸泡并洗净**Ⓑ**,
再放入冷水中洗净,沥净水分。

④ 净锅加入植物油和少许香油烧至八
成热**Ⓒ**,倒入河虾,快速翻炒至河虾
全部变色**Ⓓ**,出锅。

⑤ 锅置旺火上,倒入河虾干炒片刻**Ⓔ**,
烹入味汁快速炒匀,出锅即成。

操作难度
★★★☆☆

TIME / 10分钟

DVD 油爆河虾

口味：鲜咸味

-原 料-

鳝鱼300克／青椒、红椒各50克／姜末、蒜片各10克／精盐、味精各1/2小匙／豆豉1小匙／料酒、植物油各1大匙

-制 作-

① 鳝鱼宰杀，洗涤整理干净，剁成小段Ⓐ，再放入沸水中焯去血水Ⓑ，捞出沥干；青椒、红椒分别洗净，去蒂及籽，切成块。

② 锅中加入植物油烧热，先下入姜末、蒜片、豆豉炒出香味Ⓒ，再放入鳝鱼段，烹入料酒，用小火炒至熟。

③ 加入青椒块、红椒块翻炒至熟香，加入精盐、味精调好口味，即可装盘上桌。

操作难度
★★★☆☆

豉椒爆黄鳝

TIME / 25分钟　　口味：豉香味

爆炒鳝片

▶ ━━━━━●━━━━━━ TIME / 15分钟 ◁ ▮▮▮▮   口味: 鲜咸味 ↖

-原 料━━

白鳝1条 / 春笋片100克 / 青椒50克 / 蒜片20克 / 精盐、味精、胡椒粉各1/2小匙 / 酱油1/2大匙 /
白糖、米醋、料酒各1小匙 / 水淀粉2大匙 / 葱姜汁2小匙 / 植物油800克(约耗50克)

-制 作━━

① 白鳝宰杀, 去掉骨头Ⓐ, 洗净, 片成蝴蝶片, 再加入少许精盐、味精、葱姜汁、料酒、水淀粉抓匀上浆Ⓑ。

② 锅中加入植物油烧至四成热, 先下入白鳝滑至变色, 捞出、沥油; 再放入青椒、春笋稍烫, 捞出。

③ 锅中留底油烧热, 先下入蒜片炒香Ⓒ, 再加入白糖、酱油、米醋、水淀粉炒匀, 然后放入白鳝片、青椒、春笋炒至入味, 撒上胡椒粉, 出锅装盘即成。

A

操作难度
★★★☆☆

B

-原料——

鱼肉350克/青椒、红椒各50克/鸡蛋清2个/葱末、姜末、蒜末、精盐、味精、胡椒粉、白糖、米醋、淀粉、料酒、香油、植物油各适量

-制作——

① 青椒、红椒洗净,切成小丁**Ⓐ**;小碗中加入精盐、味精、白糖、米醋和少许清水调匀**Ⓑ**,制成味汁。

② 鱼肉去鱼皮**Ⓒ**,切成小丁,加入精盐、味精、料酒、胡椒粉、鸡蛋清、淀粉拌匀上浆,放入油锅内滑散、滑熟,捞出沥油。

③ 锅中留底油烧热,下入葱末、姜末、蒜末炒香,烹入料酒,放入青椒丁、红椒丁略炒,倒入味汁,放入鱼丁快速炒至入味,淋入香油,即可出锅装盘。

操作难度
★★★☆☆

滑炒鱼丁

TIME / 30分钟

口味:鲜咸味

-原 料——

虾仁300克／酱黄瓜1根／胡萝卜50克／荸荠丁、鲜豌豆各30克／鸡蛋清1个／葱花、姜片各5克／精盐、胡椒粉、味精、白糖、淀粉、料酒、香油、植物油各适量

-制 作——

操作难度
★★★☆☆

① 胡萝卜、酱黄瓜洗净，切成丁；虾仁切成丁，加入鸡蛋清、精盐、胡椒粉、料酒、淀粉拌匀**A**，静置1小时，再放入油锅内滑散至熟**B**，捞出沥油。

② 锅中留底油烧热，下入葱花、姜片炒香**C**，放入胡萝卜丁、酱黄瓜丁炒匀。

③ 加入料酒、胡椒粉、白糖调味，放入荸荠丁、豌豆及少许清水烧沸，然后加入味精，用水淀粉勾芡，再放入虾仁炒匀，淋入香油，出锅装盘即可。

酱瓜虾仁

▶ ━━━━━━○━━━━━━━ TIME / 70分钟 ◀||||

口味：鲜咸味

菠萝荸荠虾球

DVD

▶ TIME / 30分钟 ◀▮▮▮

□味：酸甜味

-原 料——

草虾400克／菠萝100克／荸荠50克／青椒25克／鸡蛋清1个／姜末10克／精盐、白糖、胡椒粉、白醋、葡萄酒、番茄酱、淀粉、水淀粉、植物油各适量

-制 作——

① 荸荠去皮，洗净，用刀背拍成碎末；菠萝去皮，用淡盐水浸泡，捞出，切成小条；青椒去蒂，洗净，切成块。

② 草虾去壳、去沙线，放入搅拌器内，加入鸡蛋清、精盐、葡萄酒打碎成虾泥，再加入荸荠碎、淀粉搅匀Ⓐ。

③ 锅中加油烧热，将虾蓉捏成球，放入油锅内炸至金黄Ⓑ，捞出沥油。

④ 原锅中留底油，复置火上烧热，放入番茄酱、葡萄酒炒出香味Ⓒ。

⑤ 加入白糖、白醋、姜末、精盐、胡椒粉翻炒Ⓓ，再放入菠萝、青椒，用水淀粉勾芡Ⓔ，放入虾球炒匀即成。

操作难度
★★★☆☆

咸蛋黄炒大虾

▶ ━━━━━━○━━━━━━━ TIME / 20分钟 ◀❙❙❙

口味：鲜咸味

- 原 料 ━━

大虾10只/咸鸭蛋黄3个/精盐、味精各1/2小匙/料酒1小匙/淀粉100克/植物油750克(约耗50克)

- 制 作 ━━

① 将大虾去壳、去沙线Ⓐ，洗净，加入少许精盐、味精、料酒拌匀，腌渍2分钟，再拍上淀粉，下入七成热油锅中炸至金黄色，捞出沥油。

② 咸蛋黄放入小碗中，入锅旺火蒸至熟，取出、晾凉，捣成蓉状Ⓑ。

③ 锅中留底油烧热，先下入咸蛋黄，用小火炒至泡沫状，再放入大虾翻炒均匀，出锅装盘即可。

操作难度
★★☆☆☆

- 原 料 ——

虾仁200克 / 芹菜条50克 / 胡萝卜条25克 / 鸡蛋1个 / 葱段、姜块各10克 / 淀粉1小匙 / 精盐、水淀粉各2小匙 / 料酒1大匙 / 胡椒粉少许 / 植物油适量

- 制 作 ——

① 虾仁去沙线, 用刀背砸成蓉❹, 放入容器内, 加入胡椒粉、淀粉、精盐、葱姜水、鸡蛋和料酒调匀上劲。

② 锅置火上, 加油烧热, 放入虾蓉煎成虾饼❸, 呈金黄色时取出❸, 晾3分钟, 切成细条。

③ 锅内加油烧热, 放入芹菜段、胡萝卜条, 烹入料酒, 加入精盐、味精、清水和胡椒粉炒匀, 用水淀粉勾芡, 放入虾饼条, 转小火煸炒几下, 出锅即可。

操作难度
★★★★

香芹虾饼

▶ ⬤━━━━━━━━━━━ TIME / 20分钟 ◀▮▮▮ 　　　口味: 鲜咸味 ↖

葱姜大虾

▶ ━━━━━○━━━━━━ TIME / 15分钟 ◁▮▮▮ 　　口味：鲜咸味 ↖

-原 料-

大虾500克 / 胡萝卜25克 / 香菜15克 / 葱段10克 / 姜丝10克 / 精盐1小匙 / 白糖、花椒水各2小匙 /
料酒、酱油、水淀粉各1大匙 / 味精1/2小匙 / 植物油适量

-制 作-

❶ 大虾去壳、去沙线和沙袋Ⓐ，洗净，切成小段Ⓑ；胡
萝卜去皮，切成片；香菜洗净，切成小段。

❷ 锅置火上，加入植物油烧热，加入葱段、姜丝炝锅，
放入大虾Ⓒ、胡萝卜片和花椒水稍炒。

❸ 加入精盐、酱油、白糖、料酒、味精炒匀，用水淀粉
勾芡，撒上香菜段，出锅装盘即可。

操作难度
★★☆☆☆

清炒水晶虾球

▶ ━━━━━━━○━━━━━━━ TIME / 25分钟 ◀❚❚❚❚ 口味：茶香味 ↖

-原 料——

大虾仁500克／鸡蛋清1个／绿茶10克／葱花5克／精盐、味精各1小匙／姜汁、料酒、淀粉各2大匙／植物油250克(约耗25克)

-制 作——

① 大虾仁去掉沙线、洗净，加入精盐、味精、鸡蛋清、料酒、淀粉拌匀Ⓐ；绿茶用沸水泡开，滗去茶汁。

② 锅中加入植物油烧至四成热，放入腌好的虾仁滑散、滑透Ⓑ，捞出沥油。

③ 锅中留底油烧热，先下入葱花、姜汁、料酒炒香，再放入大虾仁炒匀，然后加入精盐、味精炒至入味，用水淀粉勾茨，撒入绿茶炒匀，即可出锅。

操作难度
★★☆☆☆

-原 料——

大虾300克 / 杏仁50克 / 鸡蛋黄1个 / 精盐2
小匙 / 白糖、柠檬汁各2大匙 / 料酒1小匙 /
吉士粉、淀粉、植物油各适量

-制 作——

1 大虾去虾头、去沙线, 洗净, 放入碗中,
加入料酒及少许精盐腌渍10分钟Ⓐ;
杏仁洗净, 放入锅中炒熟, 取出。

2 小碗内加入吉士粉、鸡蛋黄Ⓑ、少许
清水、淀粉、植物油搅匀成蛋糊Ⓒ。

3 柠檬汁和白糖按1∶1的比例放入碗
中, 加入少许精盐、吉士粉、淀粉及
适量清水搅拌均匀成味汁Ⓓ。

4 虾仁蘸上淀粉, 再挂匀蛋糊, 下入热
油锅中炸至金黄色Ⓔ, 捞出沥油。

5 锅中加入少许植物油烧热, 倒入味
汁、虾仁、杏仁炒匀, 出锅即可。

操作难度
★★★☆☆

TIME / 25分钟

DVD 柠香杏仁酥虾球

口味：果香味

-原 料——

大虾200克／莲藕150克／火腿丁、豆干丁各100克／青椒、红椒各20克／精盐1/2小匙／辣酱2小
匙／酱油1小匙

-制 作——

操作难度
★★★☆☆

① 大虾洗净, 去头、去壳, 挑去沙线, 留下尾部; 莲藕
去皮、洗净, 切成小丁; 青椒、红椒分别切成丁A。

② 净锅置火上, 加入植物油烧至七成热, 先放入豆干
丁旺火煸炒1分钟B, 至表面呈微黄色, 再倒入莲藕
丁、大虾翻炒2分钟。

③ 然后加入辣酱、酱油、精盐翻炒均匀, 再放入火腿
丁、青椒丁、红椒丁续炒1分钟, 出锅装盘即成。

什锦藕丁炒虾

▶ ─────○───────────── TIME / 25分钟 ◁▮▮▮▮ 　　□味：鲜咸味 ↖

翡翠虾仁

▶ ━━━━━━━━●━━━━━━━━━━━━ TIME / 15分钟 ◁▮▮▮

口味：鲜咸味

-原 料——

鲜虾仁500克 / 蚕豆粒100克 / 熟火腿丁20克 / 鸡蛋清1个 / 精盐1小匙 / 味精、胡椒粉各少许 /
料酒1大匙 / 淀粉、鲜汤各2大匙 / 植物油适量

-制 作——

① 蚕豆粒洗净, 切成两半🅐; 把精盐、水淀粉、料酒、
胡椒粉、鲜汤放小碗内调匀成味汁。

② 鲜虾仁去掉沙线, 洗净, 加入少许精盐、淀粉、料
酒、胡椒粉、鸡蛋清拌匀, 再下入热油锅中滑散、滑
熟🅑, 捞出沥油。

③ 锅中加入植物油烧热, 先入火腿、蚕豆略炒, 再放入
虾仁炒匀, 烹入味汁炒至入味, 即可出锅装盘。

操作难度
★★☆☆☆

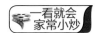

-原 料——

鲜虾仁200克／胡萝卜、黄瓜、豌豆粒各25克／葱末、姜末、蒜末各少许／精盐、味精各1/2小匙／料酒1大匙／米醋、花椒油各1小匙／淀粉、植物油各适量

-制 作——

操作难度
★★★☆☆

1 胡萝卜洗净，切成丁Ⓐ；黄瓜洗净，切成小丁Ⓑ；精盐、味精、料酒、米醋、鲜汤调匀成味汁Ⓒ。

2 鲜虾仁去沙线，洗净，加入精盐、味精、料酒、淀粉拌匀、上浆，放入油锅内滑散、滑熟，捞出沥油。

3 锅中留底油烧热，下入葱末、姜末、蒜末炒香，再放入胡萝卜丁、黄瓜丁、豌豆粒炒熟，加入虾仁，烹入味汁，用旺火快速炒匀，淋入花椒油即成。

清炒鲜虾

▶ ⬤   TIME / 20分钟 ◁▮▮▮▮   口味：鲜咸味 ↖

-原 料——

活虾爬子500克 / 葱末、姜末、蒜末各少许 / 红干椒15克 / 鸡精1/2大匙 / 酱油、豆瓣酱各2大匙 / 料酒4大匙 / 白糖、五香粉、花椒、辣椒油各1大匙 / 植物油3大匙

-制 作——

操作难度
★★☆☆

① 将虾爬子放入清水中静养，使其吐净腹中污物，再洗净沥干，去除须，足 **A**。

② 锅中加入植物油烧热，下入虾爬子略炒 **B**，再加入料酒翻炒均匀，待虾爬子变色后。

③ 放入葱末、姜末、蒜末继续翻炒，然后加入红干椒、酱油、豆瓣酱、五香粉、辣椒油、白糖、花椒、鸡精炒至熟香入味，出锅装盘即成。

辣炒虾爬子

▶ ━━━━━●━━━━━━━━━ TIME / 60分钟 ◀▮▮▮▯ 　　　　　□味：鲜辣味 ↖

泡菜炒墨鱼花

TIME / 15分钟 ◁▮▮▮

-原 料——

鲜墨鱼400克／辣白菜150克／青椒、红椒各
25克／熟芝麻少许／葱段、姜片各5克／精
盐1小匙／味精1/2小匙／韩式辣酱1大匙／
香油2小匙／植物油2大匙

-制 作——

① 鲜墨鱼洗涤整理干净,先划上几刀Ⓐ,
再片成大片,放入沸水锅中焯烫成墨鱼
花Ⓑ,捞出沥水。

② 辣白菜先切成段,再切成小条Ⓒ;青
椒、红椒分别洗净,均切成小条。

③ 碗中加入韩式辣酱、精盐、香油、味
精、少许清水调拌均匀成味汁Ⓓ。

④ 锅置火上,加入植物油烧热,下入葱
段、姜片、辣白菜条、墨鱼花炒匀Ⓔ。

⑤ 放入青椒条、红椒条,倒入味汁炒
匀,撒上熟芝麻Ⓕ,出锅装盘即可。

口味:鲜辣味

香炒海蟹

TIME / 25分钟   口味：鲜咸味

-原 料—

活海蟹3只／红椒末少许／葱末、姜末各10克／精盐、白糖、酱油各1小匙／味精1/2小匙／料酒1
大匙／水淀粉2小匙／胡椒粉少许／鸡汤2大匙／植物油3大匙

-制 作—

1. 海蟹洗净，上屉蒸至蟹壳发红，取出晾凉，剔出蟹黄、蟹肉A；将蟹脚逐节剪下，挤出蟹肉。

2. 净锅置火上，加入植物油烧热，下入葱末、姜末炸香，再放入蟹黄、蟹肉煸炒出油B。

3. 烹入料酒，加入精盐、味精、白糖、酱油、胡椒粉、鸡汤翻炒至入味，用水淀粉勾芡，撒入红椒末，即可出锅装盘。

操作难度
★★★☆☆

-原 料——

鲜鱿鱼400克／青椒、红椒条各50克／冬笋25克／葱丝、姜丝各5克／精盐1小匙／白糖、酱油各1小匙／白酒1大匙／味精、淀粉各少许／香油、胡椒粉各少许／植物油适量

-制 作——

① 鲜鱿鱼去掉内脏和须，洗净，切成小圈Ⓐ，加入酱油、少许白酒、味精和淀粉拌匀；冬笋切成小片Ⓑ。

② 锅内加入植物油烧热，放入鱿鱼圈炸至半干后取出；再放入冬笋片炸至色泽微黄Ⓒ，捞出沥油。

③ 锅中留底油烧热，加入葱丝、姜丝爆香，放入白糖、香油、精盐、胡椒粉、白酒、味精调匀，放入青椒、红椒、鱿鱼、冬笋炒匀Ⓓ，烹入白酒，出锅装盘即成。

火爆鱿鱼

TIME／15分钟

口味：鲜咸味

清炒鱿鱼丝

▶ ━━━━━━━━○━━━━━━━━ TIME / 15分钟 ◀▮▮▮   口味：鲜咸味 ↖

-原 料——

水发鱿鱼400克 / 黄瓜30克 / 葱花15克 / 姜末5克 / 精盐、味精各1/2小匙 / 料酒、酱油各2小匙 /
花椒粉1/3小匙 / 淀粉1大匙 / 植物油600克(约耗50克)

-制 作——

① 将水发鱿鱼撕去外膜，除去内脏，洗涤整理干净，切
成长丝Ⓐ；黄瓜去蒂，洗净，切成细丝。

② 净锅置火上，加入植物油烧至六成热，放入鱿鱼丝
冲炸一下Ⓑ，捞出沥油。

③ 锅中留底油烧热，下入葱花、姜末、黄瓜丝、鱿鱼丝
炒匀，加入花椒粉、精盐、酱油、料酒、味精炒至入
味，用水淀粉勾芡，淋入香油，即可出锅装盘。

操作难度
★★☆☆☆

酱爆墨鱼

▶ ⚪━━━━━━━━ TIME / 20分钟 ◀▮▮▮

口味：酱香味 ↖

-原 料-

净墨鱼500克 / 葱花、蒜片、姜末各15克 / 精盐、味精各1小匙 / 黄豆酱、料酒、香油、水淀粉、植物油各适量

-制 作-

1 墨鱼剥去外膜，去掉内脏，清洗干净，表面先剞上十字花刀Ⓐ，再切成长条，放入沸水锅内略焯Ⓑ，捞出、沥水，再入热油中冲炸一下，捞出、沥油。

2 锅中留底油烧热，先用葱花、姜末、蒜片炝锅Ⓒ，再加入料酒、黄豆酱、精盐、味精炒均匀。

3 放入墨鱼卷翻炒均匀，用水淀粉勾薄芡，淋入香油，即可出锅装盘。

操作难度
★★★☆☆

-原 料-

螺蛳750克/葱白、姜块各15克/香叶、桂皮、八角、花椒各少许/干辣椒10克/精盐2小匙/豆瓣酱3大匙/甜面酱1小匙/酱油4小匙/料酒1大匙/白糖、味精、植物油各适量

-制 作-

1 螺蛳放入清水盆中❹，加入精盐、少许植物油拌匀，浸泡使其吐净泥沙，再用清水反复洗净，捞出、沥干。

2 锅中加入适量清水烧沸，放入螺蛳煮熟，捞出装碗；姜块去皮，洗净，切成小片❸；葱白择洗干净，切成小条。

3 锅中加入植物油烧至七成热，放入葱条、姜片、香叶、桂皮、八角、花椒、干辣椒，用小火略炒一下❻。

4 加入豆瓣酱❶、甜面酱、料酒、酱油、白糖、味精炒香，放入螺蛳，用旺火翻炒均匀❺，即可出锅装盘。

操作难度
★★★☆☆

TIME / 25分钟

香辣螺蛳

口味：香辣味

-原 料——

鱼肉肠300克／洋葱50克／青椒、红椒各1个／精盐、黑胡椒、味精各少许／白葡萄酒、番茄酱
各2大匙／植物油适量

-制 作——

① 在鱼肉肠表面切成3/4深的直刀Ⓐ，再把鱼肉肠转一下，继续切直刀成两面相连的蓑衣花刀。

② 洋葱剥去老皮，洗净，切成细末Ⓑ；青椒、红椒去蒂、去籽，洗净，均切成小条Ⓒ。

③ 锅中加入植物油烧热，放入黑胡椒、番茄酱、白葡萄酒、精盐、洋葱末、味精炒出香味，放入鱼肉肠、青椒条、红椒条煸炒1分钟，出锅装盘即成。

操作难度
★★☆☆☆

茄汁蓑衣鱼肠

▶ ━━━━━●━━━━━━━━━━ TIME / 10分钟 ◀▮▮▮▮   口味：茄汁味 ↖

-原 料——

净鱿鱼、净鸡胗各200克／芥蓝100克／精盐、味精、鸡精各1小匙／水淀粉2小匙／料酒、香油、植物油各1大匙

-制 作——

① 芥蓝去叶，洗净，切成小段，放入加有少许精盐和植物油的沸水中焯烫一下，捞出、冲凉。

② 净鱿鱼洗净，剞上十字花刀；鸡胗洗净，切成小片；分别放入沸水中烫至打卷**B**，捞出沥干。

③ 锅中加入植物油烧至七成热，下入芥蓝段、鸡胗、鱿鱼炒匀，加入精盐、味精、鸡精炒至入味，用水淀粉勾芡，淋入香油，即可出锅装盘。

芥蓝爆双脆

TIME / 20分钟　　　口味：鲜咸味

索引

☆春季 Spring☆

分类原则

春季养生应以补肝为主，而且要以平补为原则，不能一味使用温补品，以免春季气温上升，加重身体内热，损伤人体正气。春季饮食宜选用较清淡，温和且扶助正气补益元气的食物。如偏于气虚的，可多选用一些健脾益气的食物，如红薯、山药、鸡蛋、鸡肉、鹌鹑肉等。偏于阴气不足的，可选一些益气养阴的食物，如胡萝卜、豆芽、豆腐、莲藕、百合等。

适宜菜肴

☆夏季 Summer☆

分类原则

夏季是天阳下济、地热上蒸，万物生长，自然界到处都呈现出茂盛华秀的景象。夏季也是人体新陈代谢量旺盛的时期，阳气外发，伏阴于内，气机宣畅，通泄自如，精神饱满，情绪外向，使“人与天地相应”。夏季饮食养生应坚持四项基本原则，即饮食应以清淡为主，保证充足的维生素和水，保证充足的碳水化合物及适量补充优质的蛋白质，如鱼肉、瘦肉、禽蛋、奶类和豆类等营养物质。

适宜菜肴

☆ 秋季 Autumng ☆

分类原则 ▼

　　秋季阴气渐渐增长，气候由热转寒，此时万物成熟，果实累累，正是收获的季节。人体的生理活动也要适应自然环境的变化。秋季以润燥滋阴为主，其中养阴是关键。秋季易出现体重减轻、倦怠无力、讷呆等气阴两虚的症状，人体会发生一些"秋燥"的反应，如口干舌燥等秋燥易伤津液等，因此秋季饮食应多食核桃、银耳、百合、糯米、蜂蜜、豆浆、梨、甘蔗、乌鸡、莲藕、萝卜、番茄等食物。

适宜菜肴 ▼

☆ 冬季 Winter ☆

分类原则 ▼

　　冬季是一年中气候最寒冷的时节，也是一年中最适合饮食调理与进补的时期。冬季进补能提高人体的免疫功能，促进新陈代谢，还能调节体内的物质代谢，有助于体内阳气的升发，为来年的身体健康打好基础。冬季饮食调理应顺应自然，注意养阳，以滋补为主，在膳食中应多吃温性，热性特别是温补肾阳的食物进行调理。以提高机体的耐寒能力。

适宜菜肴 ▼

索引一

☆ 少年 Adolescent ☆

分类原则 ▼

少年是儿童进入成年的过渡期，此阶段少年体格发育速度加快，身高、体重突发性增长是其重要特征。此外少年还要承担学习任务和适度体育锻炼，故充足营养是体格及性征迅速生长发育、增强体魄、获得知识的物质基础。少年的饮食要注意平衡，鼓励多吃谷类，以供给充足能量；保证鱼、禽、肉、蛋、奶、豆类和蔬菜供给，满足少年对蛋白质、钙、铁和维生素的需求。

适宜菜肴 ▼

菠萝牛肉松 40／里脊肉炒青椒 32／糖醋肉段 22／
滑蛋炒牛肉 41／糖醋素排骨 60／银杏炒五彩时蔬 74／虾爬肉炒时蔬 52／什锦豌豆粒 73／
爆锤桃仁鸡片 103／纸包盐酥鸡翅 112／腰果鸡丁 93／鸡丁榨菜鲜蚕豆 97／
虾油粉丝包菜 148／平菇炒肉 137／豆干炒瓜皮 143／
油爆河虾 158／酱瓜虾仁 163／菠萝荸荠虾球 164／香芹虾饼 167／柠香杏仁酥虾球 170／
茄汁蓑衣鱼肠 184／椒盐三文鱼 157／清炒水晶虾球 169

☆ 女性 Female ☆

分类原则 ▼

女性有着与男性不同的营养需要。女性可能需要很少的热量和脂肪，少量的优质蛋白质，同量或多一些的其它微量元素等。很多女性由于工作节奏快或者学习压力大，常常无暇顾及饮食营养和健康，有时候常吃快餐或方便食品，因而造成营养不平衡，时间长了必然会影响身体健康。女性饮食包括适量的蛋白质和蔬菜，一些谷物和相当少量的水果和甜食。此外大量的矿物质尤为适应女性。

适宜菜肴 ▼

酱爆猪肝 24／菠萝生炒排骨 27／苦瓜炒牛肉 35／柠檬里脊片 33／杭椒牛柳 38／
羊肝炒菠菜 48／姜汁炝芦笋 50／梅汁咕噜菜花 80／糟香五彩 84／
小白菜炒猪肝 54／西芹百合炒螺片 66／清炒荷兰豆 67／
百合银杏炒蜜豆 76／三香爆鸭肉 115／菠萝鸡丁 104／蒜香鸡胗 108／
草菇炒鸡心 109／鸡蛋炒苦瓜 124／茶树菇炒猪肝 136／香干炒肉皮 144／
草菇小炒 134／杭椒炒素菇 135／避风塘带鱼 155／泡菜炒墨鱼花 176／
翡翠虾仁 173／清炒鱿鱼丝 180／芥蓝爆双脆 185

☆ 男性 Male ☆

分类原则 ▼

　　男性如果对自身营养关注不够，很容易发生因营养失衡而引起的一系列生活方式疾病。因此，关注男性营养，养成健康的饮食习惯，对于保护和促进其健康水平，保持旺盛的工作能力极为重要。男性在营养平衡的基础上，其基本膳食准则为节制饮食、规律饮食和加强运动。一般男性应该控制热能摄入，保持适宜蛋白质、脂肪、碳水化合物供能比，并增加膳食中钙、镁、锌摄入，以利于身体健康。

适宜菜肴 ▼

☆ 老年 Elderly ☆

分类原则 ▼

　　老年期对各种营养素有了特殊的需要，但营养平衡仍是老年人饮食营养的关键。老年营养平衡总的原则是应该热能不高；蛋白质质量高，数量充足；动物脂肪、糖类少；维生素和矿物质充足。所以据此可归纳为三低（低脂肪、低热能、低糖）、一高（高蛋白）、两充足（充足的维生素和矿物质），还要有适量的食物纤维素，这样才能维持机体的营养平衡。

适宜菜肴 ▼

让我们美味共享

对于初学者，需要多长时间才能真正学会家常菜，并且能够为家人、朋友制作成美味适口的家常菜，是他们最关心的问题。为此，我们特意为大家编写了《吉科食尚—7天学会家常菜》系列图书，只要您按照本套图书的时间安排，7天就可以轻松学会多款家常菜。

《吉科食尚—7天学会家常菜》系列图书针对烹饪初学者，首先用2天时间，为您分步介绍新手下厨需要了解和掌握的基础常识。随后的5天时间，我们遵循家常菜简单、实用、经典的原则，选取一些食材易于购买、操作方法简单、被大家熟知的菜肴，详细地加以介绍，使您能够在7天中制作出美味佳肴。

❀全国各大书店、网上商城火爆热销中❀

《新编家常菜大全》

《新编家常菜大全》是一本内容丰富、功能全面的烹饪书。本书选取了家庭中最为常见的100种食材，为读者介绍多款适宜家庭制作的菜肴。

《铁钢老师的家常菜》

重量级嘉宾林依轮、刘仪伟、董浩、杜沁怡、李然等倾情推荐。《天天饮食》《我家厨房》电视栏目主持人李铁钢大师首部家常菜图书。

《精选美味家常菜》 《秘制南北家常菜》

央视金牌栏目《天天饮食》原班人马,著名主持人侯军、蒋林珊、李然、王宁、杜沁怡等倾力打造《我家厨房》。扫描菜肴二维码,一菜一视频,学菜更为直观,国内真正第一套全视频、全分解图书。

(精装大开本,一菜一视频,学菜更直观,一学就会,超值回馈)

百余款美味滋补靓粥
给你家人般爱心滋养

　　《阿生滋补粥》是一本内容丰富、功能全面的靓粥大全。本书选取家庭中最为常见的食材,分为清淡素粥、浓香肉粥、美味海鲜粥、怡人杂粮粥、滋养药膳粥五个篇章,介绍了近200款操作简单、营养丰富、口味香浓的家常靓粥。

美食是一种享受生活的方式
烹调则是在享受其中的乐趣

　　本书选取家庭最为常见的18种烹饪技法,为您详细讲解相关的技巧和要领的同时,还精心挑选了多款营养均衡、适宜家庭制作的美味菜肴,图文并茂、简单明了,让您一看就懂,一学就会,快速掌握家常菜肴的制作原理和精髓,真正领略到烹饪的魅力。

图书在版编目（ＣＩＰ）数据

　　一看就会家常小炒 / 生活食尚编委会编. -- 长春 :
吉林科学技术出版社，2014.8
　　ISBN 978-7-5384-8076-4

　　Ⅰ. ①一… Ⅱ. ①生… Ⅲ. ①家常菜肴－炒菜－菜谱
Ⅳ. ①TS972.12

　　中国版本图书馆CIP数据核字(2014)第195113号

一看就会家常小炒

YIKANJIUHUI JIACHANG XIAOCHAO

编　　生活食尚编委会
出　版　人　李　梁
策划责任编辑　张恩来
执行责任编辑　赵　渤
封面设计　长春创意广告图文制作有限责任公司
制　　版　长春创意广告图文制作有限责任公司
开　　本　720mm×1000mm　1/16
字　　数　250千字
印　　张　12
印　　数　1-18 000册
版　　次　2014年9月第1版
印　　次　2014年9月第1次印刷
出　　版　吉林科学技术出版社
发　　行　吉林科学技术出版社
地　　址　长春市人民大街4646号
邮　　编　130021
发行部电话/传真　0431-85677817　85635177　85651759
　　　　　　　　　 85651628　85600611　85670016
储运部电话　0431-86059116
编辑部电话　0431-85635186
网　　址　www.jlstp.net
印　　刷　沈阳天择彩色广告印刷股份有限公司
书　　号　ISBN 978-7-5384-8076-4
定　　价　26.80元
如有印装质量问题可寄出版社调换